"十四五"时期国家重点出版物出版专项规划项目

面向 2035：中国生猪产业高质量发展关键技术系列丛书

总主编　张传师

轮回杂交与种猪选育关键技术

○ 主　编　李　娜　喻传洲
○ 顾　问　傅　衍

U0219569

中国农业大学出版社
·北京·

内 容 简 介

本书系统地介绍了轮回杂交的理论和方法,全书共分 6 章,包括杂交概论、轮回杂交概述、轮回杂交在引进品种中的应用及其特点、轮回杂交在地方猪种中的应用、猪的杂交亲本选育和轮回杂交与种猪选育的案例。

本书针对轮回杂交的优缺点提出了相关应对策略,对轮回杂交进行了有效评估及经济效益分析,运用成熟养猪企业轮回杂交案例详细介绍了轮回杂交在引入品种猪中的应用情况,并通过相关案例介绍了地方猪的轮回杂交繁育体系。

本书可供生猪养殖工作者、育种人员及相关科技人员参考。

图书在版编目(CIP)数据

轮回杂交与种猪选育关键技术 / 李娜,喻传洲主编. --北京:中国农业大学出版社,2022.10

(面向 2035:中国生猪产业高质量发展关键技术系列丛书)

ISBN 978-7-5655-2877-4

Ⅰ.①轮…　Ⅱ.①李…②喻…　Ⅲ.①猪-轮回杂交-选择育种-研究　Ⅳ.①S828.2

中国版本图书馆 CIP 数据核字(2022)第 193190 号

书　名	轮回杂交与种猪选育关键技术
作　者	李　娜　喻传洲　主编

执行总策划	董夫才　王笃利	责任编辑	魏　巍
策划编辑	魏　巍　赵　艳	封面设计	郑　川
出版发行	中国农业大学出版社		
社　址	北京市海淀区圆明园西路 2 号	邮政编码	100193
电　话	发行部 010-62733489,1190	读者服务部 010-62732336
	编辑部 010-62732617,2618	出　版　部 010-62733440
网　址	http://www.caupress.cn	E-mail cbsszs@cau.edu.cn
经　销	新华书店		
印　刷	涿州市星河印刷有限公司		
版　次	2022 年 11 月第 1 版　2022 年 11 月第 1 次印刷		
规　格	170 mm×240 mm　16 开本　7.75 印张　150 千字		
定　价	27.00 元		

图书如有质量问题本社发行部负责调换

丛书编委会

主 编 单 位	中国生猪产业职业教育产学研联盟
	中国种猪信息网 &《猪业科学》超级编辑部
总 策 划	孙德林　中国种猪信息网 &《猪业科学》超级编辑部
总 主 编	张传师　重庆三峡职业学院
编 委（按姓氏笔画排序）	
	马增军　河北科技师范学院
	仇华吉　中国农业科学院哈尔滨兽医研究所
	田克恭　国家兽用药品工程技术研究中心
	冯　力　中国农业科学院哈尔滨兽医研究所
	母治平　重庆三峡职业学院
	刘　彦　北京市农林科学院畜牧兽医研究所
	刘震坤　重庆三峡职业学院
	孙德林　中国种猪信息网 &《猪业科学》超级编辑部
	李　娜　吉林省农业科学院
	李爱科　国家粮食和物资储备局科学研究院
	李家连　广西贵港秀博基因科技股份有限公司
	何启盖　华中农业大学
	何鑫淼　黑龙江省农业科学院畜牧研究所
	张传师　重庆三峡职业学院
	张宏福　中国农业科学院北京畜牧兽医研究所
	张德福　上海市农业科学院畜牧兽医研究所
	陈文钦　湖北生物科技职业学院
	陈亚强　重庆三峡职业学院
	林长光　福建光华百斯特集团有限公司
	彭津津　重庆三峡职业学院
	傅　衍　浙江大学
	潘红梅　重庆市畜牧科学院
执行总策划	董夫才　中国农业大学出版社
	王笃利　中国农业大学出版社

◆◆◆◆◆ 编写人员

主　　编　　李　娜　吉林省农业科学院
　　　　　　喻传洲　华中农业大学

副 主 编　　胡　旭　牧原食品股份有限公司
　　　　　　刘洪亮　吉林省农业科学院
　　　　　　张　琪　吉林省农业科学院
　　　　　　周　波　南京农业大学

参　　编　　（按姓氏笔画排序）
　　　　　　于永生　吉林省农业科学院
　　　　　　马铮财　吉林省农业科学院
　　　　　　王正丹　吉林省农业科学院
　　　　　　朱红兵　牧原食品股份有限公司
　　　　　　朱红倩　牧原食品股份有限公司
　　　　　　刘庆雨　吉林省农业科学院
　　　　　　刘丽宅　吉林省农业科学院
　　　　　　杨爱国　山东农业大学
　　　　　　张　庆　吉林省农业科学院
　　　　　　张树敏　吉林省农业科学院
　　　　　　郝　桐　吉林省农业科学院
　　　　　　胡家卿　山东农业大学
　　　　　　柳明正　南京农业大学
　　　　　　高　一　吉林省农业科学院
　　　　　　鲍　菊　吉林省农业科学院
　　　　　　樊新忠　山东农业大学

顾　　问　　张德福　上海市农业科学院畜牧兽医研究所

总　序

　　党的十九届五中全会提出,到2035年基本实现社会主义现代化远景目标。到本世纪中叶,把我国建成富强民主文明和谐美丽的社会主义现代化强国。要实现现代化,农业发展是关键。农业当中,畜牧业产值占比30%以上,而养猪产业在畜牧业中占比最大,是关系国计民生和食物安全的重要产业。

　　改革开放40多年来,养猪产业取得了举世瞩目的成就。但是,我们也应清醒地看到,目前中国养猪业面临的环保、效率、疫病等问题与挑战仍十分严峻,与现实需求和国家整体战略发展目标相比还存在着很大的差距。特别是近几年受非洲猪瘟及新冠肺炎疫情的影响,我国生猪产业更是遭受了严重的损失。

　　近年来,我国政府对养猪业的健康稳定发展高度重视。2019年年底,农业农村部印发《加快生猪生产恢复发展三年行动方案》,提出三年恢复生猪产能目标;受2020年新冠肺炎疫情的影响,生猪产业出现脆弱、生产能力下降等问题,为此,2020年国务院办公厅又提出关于促进畜牧业高质量发展的意见。

　　2014年5月习近平总书记在河南考察时讲到:一个地方、一个企业,要突破发展瓶颈、解决深层次矛盾和问题,根本出路在于创新,关键要靠科技力量。要加快构建以企业为主体、市场为导向、产学研相结合的技术创新体系,加强创新人才队伍建设,搭建创新服务平台,推动科技和经济紧密结合,努力实现优势领域、共性技术、关键技术的重大突破。

　　生猪产业要实现高质量发展,科学技术要先行。我国养猪业的高质量发展面临的诸多挑战中,技术的更新以及规范化、标准化是关键的影响因素,一方面是新技术的应用和普及不够,另一方面是一些关键技术使用不够规范和不够到位,从而影响了生猪生产效率和效益的提高。同样的技术,投入同样的人力、资源,不同的企业产出却相差很大。

　　企业的创新发展离不开人才。职业院校是培养实用技术人才的基地,是培养中国工匠的摇篮。中国生猪产业职业教育产学研联盟由全国80多所职业院校以及多家知名养猪企业和科研院所组成，是全国以猪产业为核心的首个职业教育"产、学、研"联盟，致力于协同推进养猪行业高技能型人才的培养。

为了提升高职院校学生的实践能力和技术技能，同时促进先进养猪技术的推广和规范化，中国生猪产业职业教育产学研联盟与中国种猪信息网&《猪业科学》超级编辑部一起，走访了解了全国众多养猪企业，在总结一些知名企业规范化先进技术流程的基础上，围绕养猪产业链，筛选了影响养猪企业生产效率和效益的12种关键技术，邀请知名科学家、职业院校教师和大型养猪企业技术骨干，以产学研相结合的方式，编写成《面向2035：中国生猪产业高质量发展关键技术系列丛书》。该系列丛书主要内容涵盖母猪营养调控、母猪批次管理、轮回杂交与种猪培育、猪冷冻精液、猪人工授精、猪场生物安全、楼房养猪、智能养猪与智慧猪场、猪主要传染病防控、非洲猪瘟解析与防控、减抗与替抗、猪用疫苗研发生产和使用等12个方面的关键技术。该系列丛书已入选《"十四五"时期国家重点图书、音像、电子出版物出版专项规划》。

本系列图书编写有3个特点：第一，关键技术规范流程来自知名企业先进的实际操作过程，同时配有视频资源，视频资源来自这些企业的一线实际现场，真正实现产教融合、校企合作，零距离，真现场。这里，特别感谢这些知名企业和企业负责人为振兴民族养猪业的无私奉献和博大胸怀。第二，体现校企合作，产、教结合。每分册都是由来自企业的技术专家与职业院校教师共同研讨编写。第三，编写团队体现"产、学、研"结合。本系列图书的每分册邀请一位年轻有为、实践能力强的本领域权威专家学者作为顾问，其目的是从学科和技术发展进步的角度把控图书内容体系、结构，以及实用技术的落地效应，并审定图书大纲。这些专家深厚的学科研究积淀和丰富的实践经验，为本系列图书的科学性、先进性、严谨性以及适用性提供了有利保证。

这是一次养猪行业"产、学、研"结合，纸质图书与视频资源"线上线下"融合的新尝试。希望通过本系列图书通俗易懂的语言和配套的视频资源，将养猪企业先进的关键技术、规范化标准化的流程，以及养猪生产实际所需基本知识和技能，讲清楚、说明白，为行业的从业者以及职业院校的同学，提供一套看得懂、学得会、用得好，有技术、有方法、有理论、有价值的好教材，助力猪业的高质量发展和猪业高素质技能型人才的培养，助力乡村振兴，为全面建设社会主义现代化国家、实现中华民族伟大复兴的中国梦提供有力的人才和技能支撑。

孙德林　张传师

2022 年 1 月

◆◆◆◆◆ 前　言

　　轮回杂交是一种以利用杂种优势为宗旨的经济杂交,属于传统杂交。虽然在近代养猪业中,随着配套系和特定组合(如"杜长大"组合)终端杂交模式的兴起,轮回杂交技术应用减少,但是经历非洲猪瘟疫情之后,在其后的养猪业复产中,轮回杂交又被重新重视。

　　轮回杂交除了可使杂种群体代代保持杂种优势外,还可闭群繁育,不需要外引种猪(特别是大量的纯种母猪),不仅节省了引种资金,更重要的是可以大大减少引种带来疾病的风险,而疾病带来的经济损失更是难以估量。同时,利用杂种母猪生产种用母猪也会降低生产成本。养猪业和其他行业一样,行业内的竞争不可避免,其中成本是竞争的核心要素,轮回杂交无疑对降低生产成本有重要作用。

　　轮回杂交具有诸多优势,可为何以往没有在国内养猪业中被广泛应用呢?这可能因为从理论上讲,轮回杂交的杂种优势率与非轮回杂交相比有一定程度的降低,但是掌握了轮回杂交的基本原理以及获得杂种优势的方法,便可在生产实践中兴利除弊,减少轮回杂交的缺点,并将充分发挥其优点。此外,轮回杂交还有着非轮回杂交所不具备的优势。

　　本书比较详细地介绍了轮回杂交的原理和优缺点,及其在引入猪品种和我国地方猪种中的应用。

　　在生产实践中,无论采用何种杂交方式,从遗传的角度看,其杂交效果皆取决于杂交亲本品种、品系的品质。种猪被誉为"养猪业的芯片",为此,本书用一定篇幅讲述了种猪选育技术,并将重点放在养猪业的种猪选育环节。

　　本书共分为6章,编写分工为:周波、柳明正、于永生编写第1章;周波、柳明正编写第 2 章;喻传洲编写第 3 章;李娜、刘洪亮、樊新忠编写第 4 章;张琪、张树敏、刘庆雨编写第 5 章;胡旭、朱红兵、朱红倩编写第 6 章;鲍菊、高一、郝桐、胡家卿、刘丽宅、马铮财、王正丹、杨爱国、张庆等为本书的统稿做了大量工作。参与此书编写的编者们在行业内颇具代表性，其中有高等院校的教授，有科研院所的研究员，有在知名企业多年从事育种实践的工作人员。他们具有坚实的理论基础和丰富的育种实践经验。特别感谢牧原食品股份有限公司的几位编者，他们将公司二十年来二元轮回杂交育种体系建设和猪种选育的成功经验无私地奉献给本书。

因编者水平所限，书中错误在所难免，敬请同行与广大读者批评指正，对此不胜感激！

喻传洲

2022 年 5 月

◆◆◆◆◆ 目 录

第1章

杂交概论

【**本章提要**】本章主要描述杂交和杂种优势,对杂交的遗传机理及杂交目的进行阐述,根据不同的用途和目的对杂交进行分类,并解释杂种优势的概念以及如何利用杂种优势。

品系或品种间遗传基础不同的两个个体进行杂交,后代在某些生产性能和生活力等性状方面优于杂交亲本,这种现象具有复杂的遗传机理且受不同因素影响,对其进行分类和解析将助于有效利用杂种优势,促进畜牧业的生产。

1.1 杂交的概念及其分类

1.1.1 杂交的概念

在遗传学中,具有不同基因型的两个体之间交配,称为杂交(cross)。在畜牧学领域,杂交是指不同品种或品系的个体间进行交配,使群体的杂合基因型频率增加,纯合基因型频率减少。在这个基础上,杂交最终会导致后代个体的基因型杂合,从而表现出众多性状优于双亲平均值的现象。杂交工作并不简单,杂交亲本的选择和杂种后代的表现都需要精准专业的评估,它的关键在于杂种后代是否能充分体现亲本本身的遗传多样性以及杂种优势。

杂交产生的后代称为杂种,现代杂交通常采用纯种或纯系的亲本,通过不同的杂交试验和测定方法,结合想要改良的性状来评价筛选杂种后代,最终得到想要的目标杂交模式。在畜牧生产中,杂交是用来进行品种改良以及充分利用杂种优势的手段,充分利用双亲的优良性状改良杂交后代,以便在短时间内获得高生产性能的商品群,增加畜牧生产的经济效益。我国许多地方猪品种具有优良的性状,如繁殖性能高、抗病力强,但同时又具有生长速度慢等不足;而一些猪品种生长速度快,但抗病力弱、肉质差。因此通常选择具有不同优点的亲本杂交,使杂种后代既能保留原来的生长速度又能提高肉质,产生特色鲜明且经济效益高的商品群。但对杂交育种后代的一些性状进行遗传学研究时发现,很难将许多优良的性状同时保留在一个品种或品系中,这些优良性状即使最大程度地保留在杂种后代中,也只有很低的遗传力。通过杂交来充分发挥杂种优势是目前提高畜牧经济效益的主要方法。

1.1.2 杂交分类

杂交可以按目的和亲本的亲缘程度进行分类。按杂交目的可以分为育成杂交和经济杂交;按亲本的亲缘关系可以分为品种间杂交(intervarietal cross)、品系间杂交(line cross)和远缘杂交(distant cross)。

1.1.2.1 按杂交目的分类

1.育成杂交

育成杂交(crossbreeding for formation a new breed)是指利用一定数量的品种来进行杂交,使杂种后代具有父母代的众多优良性状,产生优于原来品种或原来品种没有的品质特征,当杂种后代表现这样的性状时,使用后代群体性状最优的父母本进行自群繁殖,从而育成新的品种或品系。其中用两个品种育成杂交称为简单育成杂交,3个及3个以上品种育成杂交称为复杂育成杂交。

(1)育成杂交的阶段

①杂交阶段:依据培育目标,选择性状优良的父母本进行杂交,产生性状优于亲本的目标杂种后代。

②横交固定自群繁养阶段:杂种后代性状表现逐步稳定时,挑选性状表现最优的公、母个体进行横交固定,开始自群繁养,稳定其性状特征。

③品种形成阶段:群体已经具有一定的遗传基础,遗传性状稳定,具有一定的种用和经济价值。

(2)育成杂交的分类

①简单育成杂交:依据原有品种特点以及当地的经济和自然条件,确定符合生产和经济需要的育种目标,选择相应数量的杂交品种,结合定向选育进行杂交,将不同品种的优点尽可能多地结合到新育成的目标品种中。

②级进杂交(grading cross):也称为改良杂交,即选择高产的优良品种父本同低产品种的母本交配,所获得的杂交后代连续多代与高产品种父本交配,从而起到改良低产品种的作用,如图 1-1 所示。级进杂交所用的高产品种称为改良品种,低产品种称为被改良品种。

依据原有品种以及当地的经济和自然条件,确定符合生产和经济需要的育种目标,引入一个相应的改良品种,把当地需要改良的本地品种和引入的改良品种进行杂交,获得级进杂交的第一代,然后将级进杂交的第一代杂种与引入的改良品种进行回交。通过这种杂交方式,获得的杂种后代既能适当保留本地品种的一些优良性状,又能使其某些较差的性状得到改良。

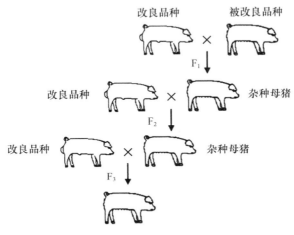

图 1-1　级进杂交

　　③引入杂交(introductive cross):依据原有品种特点以及当地的经济和自然条件,确定符合生产和经济需要的育种目标,引入一个相应的改良品种,把当地被改良品种和引入的改良品种进行杂交,获得杂交第一代,如图 1-2 所示。此法与级进杂交不同,是以杂交第一代与当地被改良品种回交,各代杂种连续与当地被改良品种回交,并结合定向培育,以获得生产性能方面改良的符合育种目标的新品种。

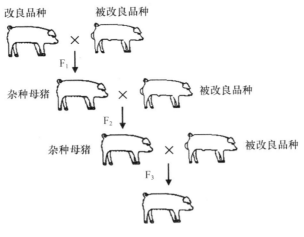

图 1-2　引入杂交

④综合育成杂交：依据原有品种特点以及当地的经济和自然条件，以此确定需要的育种目标。其主要特点是：综合采用两种以上不同的育成杂交方法，引入相应的改良品种对当地被改良品种进行改良，从而获得具有改良品种优良遗传性状，又具有一定生产力的理想杂种，从中选育出新的品种。

（3）育成杂交工作注意事项

①杂交亲本的选择：杂交亲本品种的选择宜精不宜多。新育成的性状取决于所选取的亲本品种，所以要对预选的品种进行认真分析，再做出慎重选择。一般来说，预选的亲本品种必须具有较强而稳定的遗传特性，且具有新类型所需要的主要性状。

②杂交后代的挑选：杂交后代要择优选择，适当淘汰。杂交刚开始产生的后代品质往往高低不一，性状可能参差不齐，应对它们进行个体分析，选留的个体应严格按标准衡量并进行多次选择，不具备选留条件的应该及时淘汰。

③目标杂种的固定：目标杂种固定性状需要自群繁养。在育成杂交过程中，最初获得的是杂交品种，其优良性状不可能很好地遗传给后代。为了固定理想型的遗传特性和性状，首先应及时停止杂交，改为自群繁殖，认真做好选配和培育工作，使它们的性状得到固定，具有稳定的遗传特性。

2.经济杂交

经济杂交（production cross）是在畜牧业生产中利用杂种优势和不同性状的基因互补效应提高商品畜生产效益的杂交。

在畜牧业生产中，各品种的猪在生长性能、繁殖性能、适应能力及肉质等方面具有不同优点，为了充分发挥各猪种的遗传潜力，有效利用不同品种的优点，对其进行杂交将这种用来提高经济效益的杂交称为经济杂交。利用经济杂交方式生产的商品猪，通常具有生命力强、生长速度快和饲料转化率高等特点。

根据亲本品种的多少利用方法的不同，又可以将经济杂交分为不同的模式，如常见的二元杂交、三元杂交、四元杂交、回交等，它们统称为终端杂交（terminal cross），指特定品种的公畜与特定品种的母畜杂交，杂交后代不论性别全部用作商品群的繁育体系进行后期杂交。

（1）简单杂交

简单杂交又称为二元杂交（two-way cross），基于我国农村经济的特点，二元杂交在我国养猪生产中应用非常广泛。如图1-3所示，它利用两个不同的品种或品系间的猪进行交配，交配产生的杂种一代不论公母，全都用来作为商品猪。通常纯种的父本称为父系，母本称为母系，因为亲本都是纯种，所以

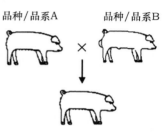

图1-3　简单杂交

不能有效利用他们的杂种优势,因此也不能有效利用多个品种杂交带来的基因加性效应。但杂交后代的基因分别来自纯种的父母本,所以杂种能最大化地表现个体杂种优势。二元杂交的优点是简单易行,通常只需要一次配合力测定就可以筛选出最佳的杂交组合。在实际应用中,农户通常在自己家中饲养本地的母猪品种,与引入的公猪品种(如约克夏猪或长白猪)杂交生产商品育肥猪。随着养殖数量的增加,又可采用引入的公猪品种和母猪品种进行杂交,如约克夏公猪和长白母猪杂交,或长白公猪和约克夏母猪杂交。在选择亲本时,母本要选择当地饲养量较大、适应性较强的地方品种或培育品种,父本要选择杜洛克猪、约克夏猪或大白猪等生长性能好的品种。二元杂交方式简单,但实际应用中存在较为麻烦的问题:除了考虑杂交本身以外,父母代的更新补充也是一个重点。一般而言,父本的更新补充通过购买来解决,而母本的补充通过父本与杂交用的母本进行杂交纯繁获得,而每增加一次纯繁过程,都将耗时耗力。除此之外,二元杂交还不能充分利用母本的杂种优势,在此杂交模式下所用的母本都是纯种的,将不能有效利用母本的杂种优势。

(2)多元杂交

①三元杂交(tree-way cross):利用三个品种或品系进行的杂交。首先采用两个品种进行杂交产生杂交一代,杂交一代作为母本再与第三个品种作为终端父本进行杂交,产生的三元杂种公母猪作为商品群,如图1-4所示。这种杂交方式的优点在于可以充分利用杂种母猪的优势,因为杂交母本是两品种的杂种,其繁殖力高、生活力强、适应能力强,同时相比于二元杂交,三元杂交更好地体现了互补性原则,也充分利用了个体的杂种优势。就繁殖性能的杂种优势率而言,一般三元杂交比二元杂交高一倍以上。

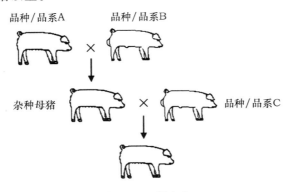

图1-4　三元杂交

随着养猪行业的发展,三元杂交的应用越来越广泛。在经济条件较好的养殖户中,他们往往采用本地品种的母猪与引入的约克夏猪或长白猪进行杂交,获得杂交一代,再从杂交一代中挑选优质母猪与引入的杜洛克公猪杂交,从而获得三元杂种母猪。而在规模化集约化的大型猪场,也采用长白公猪与约克夏母猪交配生产杂交一代,或约克夏公猪与长白母猪交配生产杂交一代,挑选杂交一代的母猪再与杜洛克公猪交配,生产三元杂交商品群,以获得较好的经济效益。但三元杂交也具有一些缺点,不能很好地利用父本的杂种优势,而且需要饲养三个纯种或纯系,制种较为复杂且耗时长,需要分别对二元的杂种母猪和三元的杂种商品群进行两次配合力测定,才能确定最佳的杂交组合。

②四元杂交(four-way cross):利用四个品种或品系进行的杂交,也称双杂交(diallel cross)。四元杂交是利用四个品种分别两两杂交,杂交后代挑选优良个体分别获得杂种父本和母本,最后父母本再杂交形成商品群,如图1-5所示。这种杂交方式可充分利用父本和母本以及杂种个体的优势,还能有效进行优势性状互补。这样不仅能对母本繁殖性能的优势加以利用,对父本配种能力、使用年限等也能有效利用。另外,大量使用杂种繁殖,可以减少纯种的饲养,从而降低饲养纯种的成本。国外已经有许多养猪企业使用四元杂交,采用汉普夏与杜洛克杂交获得杂种公猪,约克夏和长白杂交获得杂种母猪,将杂种公母猪交配得到四元杂交商品群。

但四元杂交需要饲养四个猪品种或品系,增加了一些养殖成本和过程,组织工作也相对复杂,需要进行三次配合力测定,最终确定最优的杂交模式。在实际应用中,由于猪场规模以及条件限制,加之人工授精技术的发展和广泛应用,让杂种父本的配种能力等优势不能充分体现。

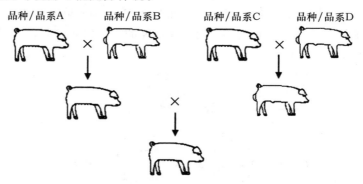

图1-5 四元杂交

③回交(backcross):是指两个品种或品系间杂交,杂交后代的母畜再与父本杂交,产生的杂种后代全部用作商品群,如图1-6所示。在遗传学中,回交通常用来加强杂种的性状表现,为了淘汰某种有缺陷的基因。回交有时也用来检测亲本是否携带某隐性基因。在英国,大多数的商品猪都是用长白猪和约克夏猪进行两种方式的回交产生的。回交对二元杂种母畜的繁殖性能优势利用较高,但对三元杂

种商品猪的优势利用较低,因为回交以后一半基因型纯合,二元杂种的显性效应会丧失一半。

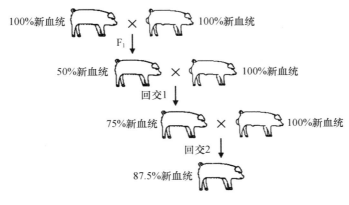

图 1-6　回交

④专门化品系杂交(specialized line cross):是指按照育种目标进行一些分化选择,培育一些品系,选择各具特色的亲本,通过杂交后的配合力测定选择出最好的杂交模式,用来生产想要的目标群体,如高效优质的商品瘦肉猪等。由于养殖规模和技术的发展,专业化的杂交方法由品种间杂交转向品系间杂交,培育过程采用的繁育方法通常为中亲和远亲杂交,少数采用近亲杂交。专门品系杂交的亲本,一般都要具有 1～2 个突出的重要经济性状,形成这些品系自己独有的性状特色,而其他性状也能保持在中等水平。在选择亲本时,要根据选择指数进行,提高选择的准确性,父系通常要选择生长速度快、饲料转化率高、胴体品质好的品种,母系通常要选择泌乳力强、产仔数高、母性好的品种。通过建立无亲缘关系的多个专门化品系,进行各品系间的配合力测定,筛选出最好的杂交模式,经济高效地开展专门化品系杂交,有效利用杂种优势,获得生产性能稳定、经济性状表现良好的优质杂种商品猪。

专门化品系的基础群是最后杂交商品群的材料来源。在选择基础群时,要保证有广泛的遗传基础,且具有各自的性状特点,一旦基础群闭锁后,中途一般不再引入新的血统。在杂交进行到第三代时,每个世代都要进行配合力测定,用以检验专门化品系的杂交育成情况。

⑤顶交(top cross):是指利用近交系的父本与非近交系的母本杂交,父本与母本之间没有亲缘关系。在选择顶交母本时,要避免使用近交系的母畜,因为近交系的母畜一般都具有生活力差、繁殖力低等特点。在选择顶交父本时,要选择在主要的性状上都高度纯合的优良个体,避免因用非近交系作为母本,使得种群内纯合度较差,杂交后代分化,性状表现不一致。另外也可以采用三系杂交,先用两个近交

系杂交产生杂种母畜,最后用其他的近交系公畜杂交。

1.1.2.2 按杂交亲本的亲缘程度分类

1.品种间杂交

遗传基础不同的同一物种的两个不同品种间交配称为品种间杂交。在畜禽的育种工作中,往往需要引入一定比例的外种血液,以此来改良或提高一些特定性状。在养猪业中,将不同遗传基础的约克夏猪与长白猪进行杂交,杜洛克猪与长白猪进行杂交。还有一些地方猪品种与外来猪品种杂交,如杜洛克公猪与湖北白猪杂交,形成杜湖猪杂交体系;用优良的地方品种与长白猪或者大白猪进行杂交,杂交后代的母本再与大白或者长白父本杂交,形成优良的大长或长大地方品种杂交体系。品种间杂交可以有效利用杂种优势,对猪的繁殖性能、胴体品质等都有所改良。简单杂交和复杂杂交等多种方式广泛应用于育成杂交和经济杂交。

2.品系间杂交

同一品种内相同系谱来源的不同品系间的杂交称为品系间杂交。选择在一个畜禽品种中保留了系谱祖先某一优良性状的一个群体,将该群体不断地与该性状优良的祖先近交保持亲缘关系,形成这一品种中有某一性状优势的近交品系,称为品系。建立良好的品系,要选择优良的个体、合理可行的育种目标和方法。通过品系的培育,可以把系谱中优良的性状汇聚到一个或多个品系中去,使它们可以在世代之间延续,随后再进行品系间杂交。如采用大白猪新美系或新法系为父本,大白猪新丹系为母本的品系间杂交体系。由于不同品系各具特点,品系间杂交可以把各自的优点集中到杂交后代上。

3.远缘杂交

远缘杂交是指不同品种之间甚至亲缘关系更远的物种之间的杂交。远缘杂交可使基因组从一个物种向另一个物种转移,导致杂交后代的基因型及表现型发生相应的改变,使后代的 DNA 发生变异和重组,后代的表型可以结合双亲特性,表现出生长速度快、抗病能力强等杂种优势。远缘杂交在自然界中广泛存在,对于畜牧业而言,马和驴杂交的后代称为骡子,牦牛和黄牛杂交的后代称为犏牛,番鸭和普通鸭杂交的后代称为骡鸭,还有野猪和家猪的远缘杂交体系。远缘杂交在畜牧业中的应用可以使杂种后代的生长速度、肉质、饲料转化率等得到提高。

1.2 杂交的遗传效应

在杂交过程中,后代的性状受遗传、环境等许多因素的影响,其中可以在世代间遗传的部分称为加性效应,不能在世代间稳定遗传的称为非加性效应。加性效应在遗传评估中被称为育种值,非加性效应和环境效应是剩余值的部分。

1.2.1　加性效应

加性效应(additive effect，A)是指在多基因决定的数量性状中，各基因独立产生的效应，也称为性状的育种值，是性状表型值的主要成分。在基因的传递过程中，加性效应是相对稳定的。加性效应部分可以在上下代进行传递，在选择过程中可以累加，且具有较快的纯合速度，而具有较高加性效应的数量性状在低世代选择时较易取得理想的育种效果。如对二花脸猪、大白猪及其杂交一代和回交一代 4 个群体 2 010 窝产仔数进行加性-显性遗传模型以及基因效应的研究发现，加性效应的平方和占总产仔数和活产仔数总遗传变异平方和的比例分别为 75.4 % 和 69.8%，可见加性效应是群体间遗传变异的主导因素。在杜长大三元杂交体系和斯格配套系各杂交组合中，利用混合效应线性模型计算位点的基因效应，发现加性效应是初生重、断奶重、早期日增重、后期日增重和全程日增重杂种优势的主要遗传学基础。

1.2.2　非加性效应

杂种优势主要取决于基因的非加性效应，而与加性效应无关。非加性效应(non-additive effect)包括位点内互作效应和位点间互作效应，位点内互作效应也称显性效应，位点间互作效应也称上位效应。非加性效应是杂种优势的主要来源。通常，猪的繁殖力、适应性等低遗传力性状的杂种优势水平较高，日增重、饲料转化效率等遗传力中等的性状杂种优势也为中等，而遗传力高的胴体组成性状的杂种优势较低或几乎没有。

1.显性效应

显性效应(dominance effect，D)是指同一基因位点内等位基因之间互作产生的效应，是基因效应值与其加性效应值的离差，又称为显性离差。该效应是可以遗传但不能固定的遗传因素，是产生杂种优势的主要部分。显性效应则与杂种优势的表现有着密切关系，在杂交一代中表现尤为强烈。但这种显性效应会随着世代的递增和基因的纯合而消失，且会影响选择育种中世代选择的效果，故对于显性效应为主的数量性状应以高代选择为主。有研究发现显性效应平方和可占猪总产仔数和活产仔数总遗传变异平方和的 18.3% 和 23.7%，说明显性效应在群体间遗传变异中是相当重要的。Su 等利用 4 种不同遗传效应组合的模型估计杜洛克猪体重从 30 kg 增至 100 kg 时的遗传力为 0.357～0.397，该性状的显性遗传方差为总表型方差的 5.6%。该研究发现当显性遗传方差和总表型方差的比率达到 0.2 时，预测模型中加入显性效应，其准确性会明显提高。王延晖等利用模拟数据比较了不同模型中基因组估计育种值(genomic estimated breeding value，GEBV)预测的准确性，结果表明显性遗传方差在遗传方差中的占比越高，显性效应对 GEBV 预测的准确性影响越大。有研究表明显性效应不仅能提升复杂性状 GEBV 预测的准确性,同时可用于指导个体间的交配计划来提高后代的总遗传价值。在杜长大三元杂交体系和斯格配套系各杂交组合的基因效应研究中发现,显性效应在初生窝重、断奶窝重、早期日增重等杂种优势的发挥中起着重要作用。

2.上位效应

上位效应(epistatic effect,I)是指不同基因位点的非等位基因之间的相互作用产生的效应,可分为条件性互作上位效应和互适性互作上位效应。前者指单个位点的遗传效应依附于另一位点的某个基因型存在,后者则是两个位点同时存在时对性状产生遗传效应,单个存在时并不产生遗传效应。上位效应也是控制数量性状表现的重要遗传效应。近年来,利用分子标记开展基因位点间的互作分析以及上位效应的遗传研究表明,上位效应可能是物种进化和适应的重要遗传机制,在生物遗传变异中起着重要的作用。该效应又可以简单地分为加加上位 AA,加显上位 AD,显显上位 DD。在对二花脸猪、大白猪及其杂交一代和回交一代 4 个群体2 010 窝产仔数进行加性-显性遗传模型以及基因效应的研究发现,上位效应平方和占总产仔数和活产仔数总遗传变异平方和的比例分别为 6.3% 和 6.5%,说明上位效应对窝产仔数群体间遗传差异作用不大。而在杜长大三元杂交体系和斯格配套系各杂交组合中,产仔数、产活仔数、断奶仔数等杂种优势的产生存在上位效应。

3.杂交与近交

杂交与近交是同一遗传效应的两面,二者的出现主要取决于群体的杂合度,低杂合度群体内繁育可能会发生近交,进而产生近交退化。而与之相反,高杂合度群体间杂交可能会出现杂交优势。

1.3 杂种优势

1.3.1 杂种优势概念

杂种优势(heterosis)是指两个群体间交配产生的杂种个体在许多性状方面都表现出优于双亲平均值的现象,如生活力、繁殖力和生产性能等。杂种优势是一个较为普遍的生物学现象,在畜牧学领域种群间性状的互补性使得杂种优势得以充分利用。

1.杂种优势的类型

杂种优势一般可以分为以下三种类型。

(1)个体杂种优势 也称后代杂种优势,指杂种本身在生产性能、适应能力、生长速度等方面优于亲本性状平均值,个体杂种优势值取决于杂种本身的基因型。

个体杂种优势是猪养殖生产中最主要的杂种优势,因为个体杂种优势的群体最大,影响也最大。个体杂种优势主要影响性状有体型、生长速度、繁殖力、抗病力、行为特征等。

(2)母本杂种优势　是指把母本的纯种换为杂种时表现出来的优势,如母性和繁殖力等较好。母本杂种优势是指杂种母猪超越其纯种母本的优势,影响母猪和后代的母性性状,如排卵数、受胎率、分娩率、初生重、断奶数等。

(3)父体杂种优势　是指把父本的纯种换为杂种时表现出来的优势,如生产性能、配种能力等较好。杂种公猪具有超越其纯种父本的优势,但对后代影响较小,主要影响性状有公猪的精子数、精液体积、性欲等。这也表明,在生产中同样是杜洛克公猪,不同品系杜洛克杂交出来的公猪性欲更强。

父本杂种优势和母本杂种优势可以概括为亲本杂种优势。一般来说,虽然亲本杂种都可以用来改良后代的生产性能或繁殖性能,但母本的杂种优势比父本的杂种优势更重要。

2.杂种优势的特点

杂种优势具有以下几个特点。

(1)群体特异性　在一个杂交繁育体系中,通常遗传基础差异较大或遗传距离较远的群体,获得的杂种优势更大。

(2)世代特异性　不同的世代之间杂交,杂交群体间遗传组成差异变化不同,各世代所获得的杂种优势便不同,如轮回杂交体系。

(3)性状特异性　当一个性状的遗传力高时,其基因的加性效应也大,非加性效应小,杂种优势低;而遗传力低的性状,其基因的加性效应小,非加性效应和环境离差大,杂种优势越明显。一般情况下,低遗传力的性状杂种优势高,如猪的繁殖性状杂种优势在 5%～10%;中等遗传力的性状杂种优势中等,如猪的生长性状;高遗传力的性状杂种优势低,如猪的肌体构成和发育性状的杂种优势在 5% 以下;而遗传力很高的性状,如胴体品质性状,几乎没有杂种优势。

杂种优势不能遗传。在杂交过程中,个体的基因虽然能遗传给后代,但减数分裂时随着基因的随机分离和重新组合导致原有的基因组合被打乱,使得父母本的基因组合不能遗传给后代,于是杂合子中的超级性能并不能通过杂交配种遗传给后代。

1.3.2　杂种优势的遗传机理

杂种优势现象虽然广泛存在,在畜牧学中也得到大量的应用,但它的遗传机理尚不清楚,还没有科学、系统、完善的解释,其涉及的遗传学理论很多,目前对于杂种优势的理论研究主要还是基于经典遗传学理论体系,包括显性学说、超显性学说和遗传平衡学说。

1.显性学说

显性学说认为,在调控性状的基因中,有利于个体性状表现的等位基因为显性基因,有害、致病甚至致死的基因为隐性基因,当遗传基础不同的个体间进行杂交时,各杂合位点上的显性基因对隐性基因有掩盖和抑制的作用,使隐性基因难以发挥作用,以此取长补短,使杂交后代表现出优势。杂种群体中的显性基因可以产生累加效应,当两个群体中各有一部分不相同的显性基因时,它们的杂交后代可以表现出显性基因的累加效应。此外非等位基因间的互作也会对性状产生抑制或增强的作用,从而表现出杂种优势。对于数量性状而言,显性有利基因后来被称为增效基因,隐性不利基因被称为减效基因,而数量性状受多个基因座的调控,因此显性基因的基因座越多,杂种优势就会越大。

2.超显性学说

超显性学说认为,杂种优势来源于杂合体本身,是等位基因间互相作用的结果,不存在显性基因和隐性基因的关系。由于不同的等位基因在生理上互相作用,使得杂合子比纯合子在生活力和适应性方面都更具优势。基因在杂合状态时能提供更多的发育途径和更多的生理生化多样性,也能表现出更强的稳定性。超显性学说具体体现为杂合体在显性基因或隐性基因中都能表现出优势。

3.遗传平衡学说

遗传平衡学说认为,显性学说和超显性学说对杂种优势的遗传机理解释都是不完美不全面的,是两种学说共同作用的结果。在对性状进行调控时,起主要作用的有时是一种效应,有时可能是另外一种效应;也可能是在控制同一个性状的不同基因座中,有的是不完全显性,有的是完全显性,有的是超显性;有的基因之间存在上位效应而有的基因间不存在上位效应。所以,杂种优势是两种学说以不同形式共同作用的结果。Turbin 等认为杂种优势不能用任何一种遗传原理解释,也不能用遗传因子相互影响的形式加以说明,因为这种现象是各种遗传过程相互作用的总效应。所以根据遗传因子相互影响的任何一种方式而提出的假说都不能作为杂种优势的一般理论。尽管显性学说和超显性学说都符合一定的试验事实,包含一些正确的看法,但这些假说都只是杂种优势理论的一部分。

后来的许多研究提供了相关支持和佐证。例如,研究表明生物在 DNA、氨基酸、蛋白质等方面存在多态现象,这些多态对维持一个群体的杂种优势具有重要作用,可以增强群体的适应能力,保持其旺盛的生活力,因此可以当作对超显性学说的支持。随着分子遗传学研究的深入,我们认识到基因的功能和基因间的互作非常复杂,很难明确区分显性效应、超显性效应和上位效应等,而随着表观遗传学研究的发展,DNA 在表达水平上的多态也成为研究杂种优势遗传机理的重要方面。

1.3.3　影响杂种优势的因素

杂种优势受很多因素的影响,包括性状本身、亲本品种、杂交方式、个体品质、饲养管理以及环境等条件,只有将各种最好条件组合起来时,杂种优势才能最好地表现。

1.亲本品种

杂种优势在较大程度上受亲本品种的影响,亲本品种内的同质性和亲本间的异质性都是决定杂种优势的重要因素。一般来说,不同品种间的杂种优势率要比相同品种间的高。因为亲本品种越纯,品种内的同质程度越高,遗传稳定性越强,杂种优势率就越高;亲本品种间的差异程度越大,品种间的异质程度就越高,杂种优势也越低。

2.个体品质

个体品质的好坏也影响着杂种优势,同一品种内的不同个体在各性状的表现上都具有差异,导致不同个体间的杂交效果及杂交优势不同,因此对个体的选择很重要。

3.杂交方式

杂交方式对杂种优势的表现极为重要,适合的杂交方式才能最大限度发挥杂种优势。利用二元杂交的方式进行育肥性状的选育,这种杂交方式对杂种优势的利用主要体现在胴体品质和肥育性状上,但除了育肥以外的其他性状,如繁殖性能,就没有得到充分利用,只有继续用二元杂种选留亲本进行杂交,才能对这些性状加以利用。由于繁殖性能主要由母本决定,选留二元杂种作为母本比作为父本好。用二元杂种作为亲本时,为了得到最大的杂种优势,可以与第三个品种杂交,也可以与原来的亲本杂交,而后者虽然只需要两个亲本品种,但获得的杂种优势较小,甚至可能低于二元杂种。还可以使用双杂交,即二元的杂种母本和另外两品种的杂种父本进行杂交,这种方式的杂交效果很好,杂种优势大,只是需要四个品种,投入较大且管理烦琐。

在杂交方式中,正反交也具有不同的杂种优势,在选择父本和母本时,一般选择繁殖性能好的品种作为母本,生产性能好的品种作为父本。尽管有时反交的肥育性能要比正交的好,但我国生产中还是利用外来的品种作为父本,引种数量少、投资低,也符合母本繁殖力高的要求。

4.性状

杂种优势主要来自显性效应和上位效应,受这两个非加性效应调控的性状杂种表现就明显,而受加性效应控制的性状遗传力高的杂种优势就小。因为根据数量遗传学理论,遗传力低的性状杂种优势大,遗传力高的性状杂种优势小,所以各性状表现的杂种优势是不相同的。在生命早期,成活率、断奶后的猪生长速度等性状的杂种优势明显,但在断奶后,增重等性状只具有一定的杂种优势,屠体等性状几乎没有。对于猪的经济性状而言,繁殖、肥育和胴体品质等性状的杂种优势随遗传力的变化而变化。

5.环境

杂种优势受到很多环境的影响,如营养水平、饲养管理方法、温度、个体健康状况等。有的品种间虽然有很好的杂种优势遗传基础,但由于受环境条件的限制,优势基因型得不到很好的体现,如长白猪和我国的地方猪杂交,它们的血缘关系较远,所以有较好的杂种优势,但当环境条件较差时,生长反而低于配合力较低的约克夏猪杂种。当基本的环境条件不能满足时,杂种优势很难体现,只有给予充分的饲养管理条件和水平才能体现其良好的杂种优势,但最佳杂交组合随饲养管理条件而改变,杂交组合试验也不是一劳永逸的。

1.3.4　杂种优势测定

许多杂交试验表明,优良的种群也不一定是最适宜的杂交亲本,经济效益和杂交效果好的杂交繁育体系还得经过许多杂交试验的测定和分析,需要对杂种优势进行科学有效的测定,获得最好最适宜的杂交繁育体系。

1.配合力测定

配合力是指杂交后代通过种群的杂交所获得的杂种优势程度,也称为杂种优势的好坏。配合力有两种,一般配合力和特殊配合力。一般配合力是指一个特定的品种或品系与其他的种群杂交后所能获得的平均效果,一般配合力的遗传基础是加性遗传效应和杂交中可能出现的显性效应与上位效应。因为在各杂交组合中有正有负,所以需要得到平均效果。如果一个品种与其他种群的杂交效果良好,说明它的一般配合力好,如我国的内江猪与许多品种猪杂交均能获得较好的杂交效果。特殊配合力是指两个特定的品种之间杂交所获得的平均效果,这种杂交遗传基础是非加性效应,符合杂种优势的定义。

图 1-7 为两种配合力概念的示意图,图中 $F_1(A)$ 为 A 品种与 B、C、D、E、F 等品种杂交产生的各种一代杂种某一性状的平均值,$F_1(B)$ 为 B 品种与 A、C、D、E、F 等品种杂交产生的各种一代杂种某一性状的平均值,$F_1(AB)$ 为 A 品种与 B 品种杂交产生的一代杂种某一性状的平均值。

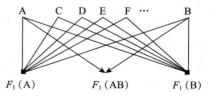

图 1-7　配合力示意图

其中,$F_1(A)$ 表示 A 品种的一般配合力,$F_1(B)$ 表示 B 品种的一般配合力,F_1

$(AB) - \frac{1}{2}[F_1(A) + F_1(B)]$ 表示 A、B 品种的特殊配合力。

2.杂种优势度量

通常用杂种优势量和杂种优势率来度量杂种优势的大小。特殊配合力一般用杂种优势量来表示,在两品种杂交的情况下,杂种优势量(H)指 F_1 的性能优于亲本平均性能的部分。在 A 品种和 B 品种杂交的情况下,则 F_1 的杂种优势量为:

$$H = \overline{F} - \frac{1}{2}(\overline{A} + \overline{B})$$

于是:

$$\overline{F} = \frac{1}{2}(\overline{A} + \overline{B}) + H$$

说明 F_1 的性能平均值等于双亲的性能平均值的 $\frac{1}{2}$ 加上杂种优势量。

此外为了使各性状间方便比较,杂种优势也常以相对值来表示,即杂种优势率 R。

$$R = \frac{\overline{F} - \frac{1}{2}(\overline{A} + \overline{B})}{\frac{1}{2}(\overline{A} + \overline{B})} \times 100\%$$

式中:R 表示杂种优势率,$\overline{F}$ 表示 A 品种和 B 品种的性能平均值,$\overline{A}$ 表示 A 品种的性能平均值,$\overline{B}$ 表示 B 品种的性能平均值。

例如,A 品种 28 d 的平均窝重为 73 kg,B 品种 28 d 的平均窝重为 76 kg,A 品种与 B 品种杂交一代 28 d 的平均窝重为 85 kg,则 F_1 的杂种优势量为:

$$H = \overline{F} - \frac{1}{2}(\overline{A} + \overline{B}) = 85 - \frac{1}{2}(73 + 76) = 10.5 \text{ kg}$$

杂种优势率为:

$$R = \frac{\overline{F} - \frac{1}{2}(\overline{A} + \overline{B})}{\frac{1}{2}(\overline{A} + \overline{B})} \times 100\% = \frac{85 - \frac{1}{2}(73 + 76)}{\frac{1}{2}(73 + 76)} 100\% = 14.1\%$$

在三元杂交的情况下,AB(♀)×C(♂),杂种优势量和杂种优势率如下:

$$H = \overline{F}_T - \left(\frac{1}{4}\overline{A} + \frac{1}{4}\overline{B} + \frac{1}{2}\overline{C}\right)$$

$$R = \frac{\overline{F}_T - \left(\frac{1}{4}\overline{A} + \frac{1}{4}\overline{B} + \frac{1}{2}\overline{C}\right)}{\left(\frac{1}{4}\overline{A} + \frac{1}{4}\overline{B} + \frac{1}{2}\overline{C}\right)} \times 100\%$$

式中：$\overline{F_T}$ 的表示三元杂种的群体均值。

3.杂交组合试验

根据配合力来测定杂种优势是最准确的方式，但配合力测定的开展较为复杂也具有难度，除了需要进行正反交组合，还需要设置亲本对照组。为了对不同品种或品系的杂交效果进行测定，还需要进行杂交组合试验。在进行杂交试验设计时，需要对杂交亲本的选择、杂交试验条件的准备、杂交组合的设计等进行周密计划。在实施试验时，需要做到同期发情、同期配种、同期断奶、同期试验。饲养的环境、饲喂的日粮配置等都要相同，以提高试验的准确性。在杂交组合的选择和配置中，每个杂交组合用具备 2 种以上遗传资源的 2～3 头公猪与 8～10 头母猪交配，从断奶仔猪中选择 10～20 头仔猪进行肥育测定，待体重达到 90～100 kg 时，每个组合选择公母各半的 6～10 头猪进行屠宰性能测定和肉质分析，所有试验都要与亲本对照比较，对试验组和对照组的繁殖性状、肥育性状、胴体性状等进行准确分析，用于计算杂种优势，以此来选择最优的杂交组合。

 思考题

1.如何选择杂交亲本？

2.如何避免或减少除遗传外的因素对杂种优势产生影响？

3.杂种优势测定中要注意什么问题？

4.如何预测杂种优势？

5.在当前畜禽杂种优势的应用中有什么难点？

第2章

轮回杂交概述

【本章提要】本章重点针对轮回杂交进行解析,介绍轮回杂交的概念,对二元轮回杂交、多元轮回杂交以及它们的优缺点和适用情况进行分析,并介绍适合于疫病背景下的终端-轮回杂交繁育体系。

轮回杂交是指两个及两个以上的不同品种或品系父本轮回与各代优良杂种母本个体进行回交,使得杂交后代保持和利用杂种优势。在疫病背景下,有效利用轮回杂交,降低生物安全风险,自繁自养节省育种成本。

2.1 轮回杂交的概念

轮回杂交(rotational cross)是指由两个或两个以上的种群共同参与的按固定顺序依次进行的杂交。每个品种轮流作为父本参与杂交,种群每作一次父本称为一个轮回,用于保持后代的杂种优势。为了能充分利用母本的繁殖性能,每轮杂交所用的母本品种除了第一次使用纯种以外,其余各代均使用上一代杂交所产生的杂种母本,各世代所产生的杂交后代除了优良的母猪继续用作母本杂交外,包括公猪在内的所有个体均用作商品群。

一般情况下,参与轮回杂交的品种都是纯种,这种杂交繁育体系每世代都可以有效利用母本的杂种优势,也能获得更高的遗传互补性,但在生产中也有利用杂种或者合成系作为轮回杂交种群的情况。采用轮回杂交,除了可以高效利用母猪的杂种优势,最大的优点是无需引进纯种母猪,可以降低引种带来的疫病风险。而且利用本场的杂种母猪与公猪交配,在管理和经济上都优于二元杂交和三元杂交。轮回杂交的适用范围广泛,不管规模化养殖场还是散养农户,都可以合理采用,不需要保留纯种母猪繁殖群,只需要有计划地引进肥育性能和胴体品质好的种公猪,按固定的杂交计划进行生产,杂交效果和经济效果都很可观。但轮回杂交也存在缺点:由于每代都要更换杂交父本,即使杂交效果优良的公猪也不能作种用,公猪在完成一个配种期后,就处于淘汰或闲置状态,直到下个轮回,这样容易造成公猪的资源浪费。为了解决这一问题,可以几个种畜场联合使用种公猪,要求熟练且有效地使用人工授精技术。

2.2　二元轮回杂交

二元轮回杂交(two-breed rotational cross)也称交替轮回杂交,是指由两个种群参与的轮回杂交。实施二元杂交轮回体系,需要将两个种群的纯种公畜按世代轮回使用。用 A 品种公猪与 B 品种母猪杂交产生 F_1,选择优秀的 F_1 母猪与 A 品种公猪杂交,其余 F_1 个体均用作商品群。从产生的 F_2 群体中挑选优秀的母猪与 B 品种公猪杂交,其余的 F_2 个体用作商品群。依次逐代轮流杂交,使子代不断保持杂种优势。按此杂交体系规律,在每个世代中,含 A 品种血统比例较高的杂种母畜与 B 品种的纯种公畜杂交,后代的母畜 A 品种血统比例减少,B 品种血统增多,然后采用 A 品种公畜与之杂交,以此保持血统比例平衡,杂种可以保持 67% 的相对杂种优势。二元轮回杂交模式见图 2-1。

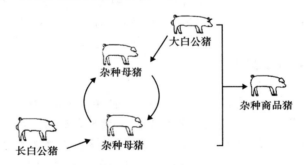

图 2-1　二元轮回杂交模式

采用两品种的轮回杂交繁育体系,不需要单独维持两个纯繁种群,只需引入少量纯种公畜或者人工授精,可以很大程度节约生产成本,减轻工作负担和疫病风险。此外,除了第一次杂交外,其余世代参与杂交的母畜都是杂种,可以有效地利用母本的杂种优势,且参加每世代杂交的亲本具有较大差异,可以持续利用其杂种优势。

2.3 多元轮回杂交

2.3.1 三元轮回杂交

三元轮回杂交(three-breed rotational cross)是指由三个种群参与的轮回杂交,这种杂交繁育体系需要三个纯种的公猪,轮流交替使用,如图 2-2 所示。与二元轮回杂交一样,三元轮回杂交也能充分利用母本杂种优势和直接杂种优势,但与二元轮回杂交相比,多次使用一个品种的纯种公畜,保持了更大的相对杂种优势。当繁育体系达到稳定平衡状态时,杂种可以保持 86% 的相对杂种优势,但同时增加了成本和投入。在生产中,如果纯种繁育体系效率为 100.0,则常规的二元轮回杂交和三元轮回杂交的效率分别为 140.5 和 145.0。

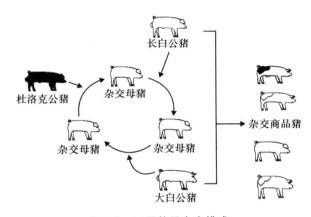

图 2-2 三元轮回杂交模式

三元轮回杂交除了可以提高杂种优势以外,也可以减少维持三个种群带来的工作负担,降低疫病风险,但与终端杂交相比,在繁育体系构建时,配合力测定比较困难,也不能利用亲本间的遗传互补性。此外,三元轮回杂交还需要更精细准确的个体识别,在实际生产中,杂交繁育体系组织工作相对复杂,加上需要保持世代交替,畜群结构更加复杂,不利于规模化生产体系的管理。由于每世代都要更换使用公畜群体,参与杂交的群体在外形和性能间具有较大的差异,使得畜群整体的一致性和商品群的一致性都比较差,影响商品群的经济效益。轮回杂交优势后代的血统占比见表 2-1。

表 2-1 轮回杂交优势后代的血统占比

方式	类别	一轮杂交	二轮杂交	三轮杂交	稳定
两品种	杂种优势后代	100	50	75	67
	母系杂种优势	0	100	50	67
三品种	杂种优势后代	100	100	75	86
	母系杂种优势	0	100	100	86

在两品种或三品种轮回杂交中,后备母猪一般在繁殖性能最好的母猪后代中选留。公猪的利用顺序一旦设定了就不要改变。在任何时候,母猪群体中都可能存在 3 个、4 个、5 个或 6 个不同类型的杂种母猪。母猪需要与适配品种/品系的公猪配种,确保后代杂种优势最大化。

轮回杂交的优势是不用引种后备二元母猪,自繁自育自养;且不用养殖纯种母猪(没有核心群、扩繁群),全心致力于终端商品生产,仅留最好的母猪作为后备种猪。但轮回杂交也有缺点:不能利用特定的父系和母系;所有利用的品种都必须有较好的母性性状、生长性状和肉质性状;不同杂种母猪要求与不同品种的公猪配种。

2.3.2 终端-轮回杂交

终端-轮回杂交(terminal rotational cross),是指在轮回杂交生产的杂种中,挑选性能优良的后备母猪使用另外一个终端父本与其杂交,杂种后代全部用作商品群的杂交繁育体系。二元终端-轮回杂交模式见图 2-3。

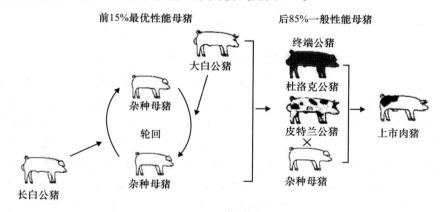

图 2-3 二元终端-轮回杂交模式

终端-轮回杂交比单独的轮回杂交具有更多的杂种优势,可以减少后备母猪繁殖群体数量,但仍然需要购买终端杂交所用的公猪。终端-轮回杂交可以通过终端公猪来选择个体品种的性状,集中利用一些品种的优势。

终端-轮回杂交繁育体系可以分为以下三部分：

（1）杂种母本 二元轮回杂交生产的母畜。

（2）终端杂交父本 单一种群纯繁或两种群杂交生产的公畜。

（3）终端杂交 终端父本与杂种母本杂交。

终端-轮回杂交体系在肉用畜种中应用较多，在国外生猪产业中，用大约克夏猪（大白猪）和兰德瑞斯猪进行轮回杂交，挑选杂种后代中品质较优的前15％的母猪作为母本继续进行轮回杂交，剩下85％的母猪与杜洛克或者汉普夏杂交公猪进行终端杂交，轮回杂交部分产生的公猪和终端杂交产生的杂种后代全部用作商品群。这种杂交繁育体系很好地解决了单纯终端杂交体系中维持两个种群的投入大、管理难等问题，而且后备母猪也不需要外购，通过轮回杂交就可以获得。

终端-轮回杂交繁育体系集中了轮回杂交和终端杂交的优点，它既弥补了轮回杂交不能很好利用遗传互补性的缺点，又弥补了终端杂交需要维持后备母猪的不足。

终端-轮回杂交的优点包括：可以一次性引种母猪，后期不用补充；适合采用人工授精；母系杂种优势为86％（三品种轮回杂交）或66.7％（二品种轮回杂交）；终端杂交后，商品猪具有100％的杂种优势；减少了疫病的风险，有利于非洲猪瘟的防控。因此在非洲猪瘟疫情影响下，终端-轮回杂交被广泛推广使用。

非洲猪瘟发病的特点之一为一般最先发病的是大猪、母猪，小猪或仔猪反而后发病，有些强壮的公猪甚至比老弱的公猪先发病。在非洲猪瘟流行时引种的风险较大，为了减少疫病引入的风险尽量不引种或少引种，这就需要企业可以自主生产种母猪。如果按照传统的外三元猪三级繁育体系（核心群、扩繁群和商品群），在核心群就需要自己饲养纯种的杜洛克公猪和杜洛克母猪，长白公猪和长白母猪，大白公猪和大白母猪。这些猪首先要纯繁，保证一定的核心群，同时在扩繁群用长白公猪与大白母猪杂交生产长大二元母猪，在商品群用扩繁群中生产的二元母猪与杜洛克公猪杂交生产杜长大三元杂交商品猪。这种三元杂交生产商品猪的目的就是让三元杂交商品猪的杂种优势最大化，杂种优势大的商品猪生长性能和抗病性能更佳，更有利于商品生产。同时二元杂种母猪也具有较高的杂种优势，相比于纯种母猪，其繁殖力更高，抗病力更强，更有利于商品猪的繁殖生产。但是，这种三级繁育体系具有一定的复杂性，需要饲养的纯种猪较多，成本高，只有大公司才有实力、有产能维持一定的纯种核心群，而中小规模猪场通常采购大公司的二元种母猪来更新自己的扩繁群。

但是，在非洲猪瘟影响下的小规模猪场如果想要实现自己扩繁种母猪有什么办法吗？专家建议可以采用终端-轮回杂交方式实现。这种方式既保证种母猪和商品猪有较高的杂种优势，又不是太烦琐，且不需要饲养纯种母猪群体。

根据猪的毛色遗传规律：全白色对全黑色、全棕色是显性；全黑色对全棕色是显性。

且猪毛色遗传受多个基因位点控制,非纯种杂交时遗传性状往往复杂,易出现"花豹""四脚白"的情况,杜长大三元母猪(白色)与杜洛克公猪(棕色)配种易出现杂毛猪。而采用终端-轮回杂交的方式便可避免。该终端-轮回杂交的主要技术要点就是采用三个品种或品系的纯种白色公猪进行轮回杂交生产杂种白母猪,然后用棕色的杜洛克公猪进行终端杂交生产商品代杂种猪群。这种三品种的终端-轮回杂交可使商品猪的杂种优势率达100%,且毛色全白。为了使商品猪的毛色最后还是全白的,用于种母猪轮回杂交生产的母猪品种或品系必须为全白毛色。一般采用同一品种的不同品系,最好是遗传关系较远的品种或品系,这样杂种优势率才高。如图 2-4 所示,可以采用丹系长白公猪、法系大白公猪、美系/英系大白公猪三个品种或品系进行轮回杂交生产种用白色母猪。所谓轮回杂交就是轮流采用这三个品种或品系的公猪与杂种母猪杂交,若上一世代是丹系长白公猪杂交,则这一世代就采用法系大白公猪杂交,产生的后备母猪将来就要与美系/英系大白公猪杂交,再下一世代的母猪又要与丹系长白公猪杂交,就这样轮回杂交产生种母猪。商品代则采用杜洛克公猪作为终端杂交父本,这样所有的商品猪的毛色仍然是白色的,因为白色对于棕色是显性毛色。从轮回杂交生产的母猪中大约选留前 15%性能最优的母猪与白色公猪(丹系长白猪、法系大白猪或美系/英系大白猪)进行轮回杂交生产种母猪,后 85%性能一般的母猪可以用作商品生产的种母猪与杜洛克公猪杂交。若非洲猪瘟疫情导致杂种白母猪群体减少,剩余的杂种白母猪可全部用来轮回杂交产生新的杂种白母猪(不与杜洛克公猪杂交),白色杂种母猪数量就可快速增加,到一定数量后需要商品生产时再与杜洛克公猪杂交产生商品肉猪。另外,轮回杂交中生产的所有杂种公猪可去势后直接育肥上市。

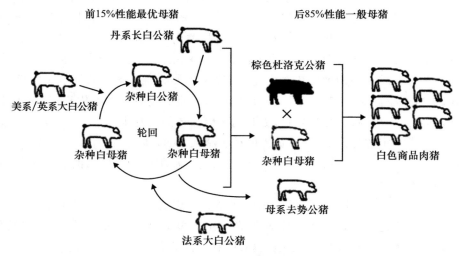

图 2-4　三元终端-轮回杂交繁育体系

　　由于非洲猪瘟疫情导致母猪数量锐减,在快速扩群时,若直接采用杜长大母猪作为种母猪,最好不要与杜洛克公猪杂交,应尽量用大白公猪或长白公猪进行杂交,这样下一代的杂种优势率比较高,只是杂交产生的商品猪毛色会有杂毛色,不全是白色。如果采用图 2-4 所示的三品种或品系终端-轮回杂交繁育体系,可保证所有商品猪的毛色仍为白色。且不用饲养纯种母猪来扩繁杂交生产二元母猪,也不用到外面去引种。如果没有相应的公猪,也可以在外面购入非洲猪瘟检测阴性的种公猪精液。购入精液的风险要比较购入公猪小很多,但也要注意检测,并按规范的消毒程序处理。

　　在终端-轮回杂交中如何选择理想的杂种后备母猪呢? 一般来说要注意以下10 点:①腹部乳头 7 对以上,发育良好、突出,排列整齐,间距均匀合理;②阴户大小合适,且不向上翘起;③蹄趾较大、均匀,且合理分开;④前后肢系部、膝、跗关节支撑理想;⑤尾根高起,生长在臀部合理的位置;⑥身体较长,背腰平直;⑦前后腿粗、壮实,且腿部肌肉强壮有力;⑧行走步态轻盈,稳健地站立时两腿间有适当的间距,无八字腿、X 形腿或 O 形腿;⑨肋骨形状良好,呈桶状,肌肉较丰满,面部干净,颈部无赘肉;⑩母性较好,人畜关系良好。

　　最后,在当前商品猪生产中,一头杂种母猪与何种公猪杂交更好? 这主要取决于杂种母猪含有何种血统。杂交时应选择与该杂种母猪血缘较远的种公猪;或不影响或少影响后代毛色的种公猪;或适应强、肉质好、产肉量多的终端父系公猪。

思考题

　　1.在什么情况下适合使用轮回杂交?

　　2.在实际生产中,进行轮回杂交时应该注意什么问题?

　　3.轮回杂交有什么优缺点?

　　4.如何选择理想的后备母猪?

　　5.在非洲猪瘟疫情背景下,为了最大程度发挥杂种优势,提高生产效益,是否还有更好的繁育策略?

第3章

轮回杂交在引进品种中的
应用及其特点

【本章提要】本章讲述外来瘦肉型猪在经济杂交中的繁育体系以及轮回杂交在养猪生产中应用的特点,并着重介绍四元轮回杂交是适合我国当前养猪业现状且高效的轮回杂交模式。本章还介绍了轮回杂交在不同规模猪场的实施要点以及轮回杂交成功的关键。

本章主要讲述从国外引进的猪品种在轮回杂交中的应用和特点,而这些被引入的品种都是瘦肉型猪种,与我国传统的脂肪型地方猪形成了鲜明的对比。用于生产的畜禽品种都是适应当时当地社会经济发展和自然环境的产物。世界上的家猪品种都经历了从脂肪型向瘦肉型的转型,只是欧美猪品种的转型比我国早,主要在工业革命完成以后。欧美的工业革命始于 18 世纪 60 年代,结束于 19 世纪末。工业革命的完成,意味着劳动者体力劳动的减轻,人们对提供高能量的富含脂肪的食品需求量也随之减少。猪的经济类型从脂肪型向瘦肉型的转化就是在这样的背景下发生的。例如早期美国的杜洛克猪是一个皮厚、骨粗、成熟迟的脂肪型品种,20 世纪 50 年代开始,改育成肉用型;又如,最初的英国巴克夏猪在 18 世纪曾引进中国猪,与当地猪杂交,育成脂肪型品种,于第二次世界大战后,改育为瘦肉型。

瘦肉型猪选育方向是大势所趋,是不可逆转的。除了上述理由外,从节省饲料的角度考虑,饲养瘦肉型猪也是必需的。研究结果表明,100 g 瘦肉的热量为 143 kcal,而 100 g 肥肉的热量为 807 kcal。所以,未来培育瘦肉型猪才是大势所趋。

我国在 19 世纪末就开始引进猪种,其中对我国猪种改良影响较大的品种有巴克夏、中约克(又称中白)、大约克(又称大白)、苏白、长白等。20 世纪 80 年代后,又引进了杜洛克、汉普夏、皮特兰等品种。特别是近二三十年来,猪种的引入形成了前所未有的高潮。如何使其"洋为中用、化洋为中"是我国养猪业必须解决的问题。

3.1 商品肉猪生产的杂交繁育体系

3.1.1 商品肉猪生产的杂交繁育体系的概念

商品肉猪生产的杂交繁育体系就是为了充分利用杂种优势,将用于商业杂交的纯种亲本选育场、完成杂交组合的种猪生产场以及生产商品肉猪的育肥场有机地结合起来形成的一套完整金字塔形生产体系。该体系包括核心群、扩繁群和商品群(图 3-1)。

图 3-1 商品肉猪生产的杂交繁育体系模式

图 3-1 中,核心群就是选育的纯种亲本群,或者可以称为曾祖代(原种)群,任务是负责选育用于杂交的曾祖代纯种亲本。对于大型养猪企业(如牧原、温氏)和专业化种猪育种公司(如 PIC),核心群还应该有必要的品种资源群,并不断通过杂交组合试验筛选和更新最优杂交组合的亲本。扩繁群即是扩大核心群种猪的生产规模,为杂交提供祖代纯种亲本的种畜群体。商品群就是按照最优杂交组合方案,通过杂交生产出商品肉猪的群体。对于采用终端杂交模式的猪场,通常由父母代母猪与终端父本公猪杂交生产得到商品肉猪。对于只发放猪苗到农户养殖的"企业+农户"模式的企业,商品群的作用纯粹就是饲养商品肉猪。

3.1.2 商品肉猪杂交繁育体系的建立

3.1.2.1 杂交亲本的选择

这里所说的杂交亲本,严格意义上讲,还只是备选的杂交亲本,还须通过杂交组合试验,才可确定最优的杂交亲本。

1.亲本选择依据

杂交亲本的选择应该满足下列两方面的需求。

(1)市场消费者需求 满足消费者的需求是选择杂交亲本最重要的依据。当前国内多数消费者对猪肉的需求主要是瘦肉率高,肉质(包括肌纤维的嫩度、肌肉脂肪含量和持水力等)好。我国地域辽阔、南北方饮食差异、城市和乡村的居民对猪肉品质的要求不尽相同等因素,都是在选择杂交亲本时应该考虑的。

(2)养猪生产者需求　养猪生产者要求猪生长快、饲料转化率高、繁殖性能好、抗病力强等,这些直接关系到养猪的生产成本和养猪者的经济效益。因为养殖成本会直接影响猪肉市场价格,所以消费者也十分关注。

2.对亲本性能的要求

在满足上述市场消费者和养猪生产者需求的基础上,确定亲本性能繁育目标。在对亲本提出各种性能要求时,必须明确一个前提,即:无论何类亲本(父系亲本或母系亲本)都应该达到瘦肉型猪的基本要求(瘦肉率高、生长速度快)。瘦肉型猪的特点是体躯长,臀部和大腿丰满,呈流线型,瘦肉率达55%～70%,膘厚2.5～3.5 cm。在较好的饲养条件下,6月龄猪体重可达90 kg。

但值得注意的是,在该杂交繁育体系中,对母系种猪和父系种猪的性能要求又各有偏重。

(1)对母系种猪(包括母系父本)的要求　在保证瘦肉型猪基本特征的前提下,重点要求繁殖性能好(产仔多、泌乳力强、母性好等)。

(2)对父系种猪的要求　生长速度快、饲料转化率高、胴体品质好。

3.1.2.2　商品肉猪杂交方案的确定

制定最优的商品猪杂交方案,主要通过以下三个方面进行。

1.明确杂交中的遗传效应

这些遗传效应主要包括育种值传递效应、杂种优势效应和性状基因互补效应等。

(1)育种值传递效应

无论是纯繁还是杂交,育种值(基因的加性效应)都会从亲代传递到子代。因此,选择的亲本性状必须优良,即育种值高。

(2)杂种优势效应

商品肉猪的杂交繁育体系的核心任务就是要充分利用杂种优势。虽然至今杂种优势的遗传机理还不完全清楚,但杂种优势现象是生物界普遍存在的客观事实,并一直在生产中被广泛应用。而且,杂种优势表现的一些规律也是被公认的。如:杂种优势的大小与杂种自身的基因杂合程度呈正相关,即群体或个体的基因杂合程度越高,其杂种优势效应越大。由此可知:杂交亲本基因型的纯合度越高,杂交子代的杂种优势越大。假定一亲本群体的基因型为AA,另一亲本群体的基因型为aa,那么F_1的基因型全是Aa,因而就会表现出最大的杂种优势。

杂种优势的大小与性状的遗传力呈负相关。遗传力低的性状杂种优势高，反之亦然。例如，繁殖力、抗逆性这类性状的遗传力低，故其杂种优势就大。

上述杂种优势表现出的规律，对于制定杂交方案具有重要指导意义。

（3）性状基因互补效应

商品肉猪杂交体系中的专门化品系（specialized lines）（包括专门化父系和专门化母系）就是互补效应的最好应用。父系和母系选择的性状各有分工。专门化品系的培育是按照育种目标进行分化选择，各专门化品系分别确定重点选育性状，因为选择的性状少，选择进展快，品系形成时间短，而且纯合度高。这样一来，在杂交组合中，既能实现亲本间不同性状的互补效应，又能获得更好的杂种优势。专门化品系通过父母系的配套杂交，可将父母系的特点综合体现在商品肉猪上，更好地提高生猪养殖的效益。

2.进行杂交组合试验

通过杂交组合试验，筛选出"最优"杂交组合，进而确定商品猪的杂交方案，或调整修改原来的杂交方案。

从理论上讲，应该在配合力测定的基础上确定"最优"组合。然而得到所有品种（品系）的一般配合力和特殊配合力，在实际生产中几乎是不可能的。现在主要运用数量遗传的方法，通过计算机模拟出更多的杂交组合，计算其生产效率，提供"最优杂交组合"的参考依据。不过，最终还必须通过杂交组合试验加以检验。在实际操作中，杂交组合试验应该注意以下几点。

（1）在选择参与杂交组合试验的品种（品系）时，必须考虑两个原则：①应该选择生产性能优良且各具特色的品种（品系）。例如，我们从不同国家引进的诸多品种（品系）不仅生产性能优良，而且各具特色。②应该注意备选品种（品系）对社会环境（市场需求）和自然环境的适应性。例如，如果拟在杂交方案中选用地方猪，就应该主选适应当地自然条件的优良地方猪种。

（2）为了减少不必要的杂交组合，可以先确定父系和母系品种。例如，可以根据繁殖力，先将备选的品种分为父系和母系。这样就不必进行正反交，杂交组合数就可减少一半。

（3）为了保证试验结果的准确性，试验设计是十分重要的。取样要具有代表性，要有足够的样本含量，要体现各试验组"唯一差异"原则，即除了试验因子（品种组合）不同外，其他试验条件均无差异。

3.建立商品猪的杂交繁育体系

"最优"杂交组合方案确定后，就应该着手建立杂交亲本选育曾祖代群（场），组建配套的祖代、父母代和商品代群（场）。至此，商品猪的杂交繁育体系就形成了。

3.1.3 商品肉猪杂交繁育体系的几种模式

在国内商品猪生产的杂交繁育体系中,通常有二元杂交、三元杂交、四元杂交和五元杂交。其中,前 3 种杂交体系在第 1 章进行了详细介绍,在此只作简要补充。

3.1.3.1 二元杂交繁育体系

这种杂交方式简单易行,常用于我国地方猪作为母本与引进瘦肉型猪作为父本的经济杂交,其杂种一代的产肉力较地方品种有显著提高,同时又在很大程度上保留了地方猪优良肉质的特点。

另外,该方法也适用于利用地方猪培育的新品种与引进猪种进行的二元经济杂交。例如:华中农业大学刘榜教授及其研究团队利用我国地方品种通城猪和引进品种大约克夏猪(大白猪)为素材,通过杂交育种方法培育的鄂通两头乌新品种(含通城猪和大约克夏猪血统各 50%),其主选性状与通城猪相比较:平均日增重提高了30.4%,胴体瘦肉率为 51.6%,比通城猪提高了 7~10 个百分点。新品种具有原通城猪两头乌毛色、抗病性强和肉质优良的特点,鄂通两头乌新品种与长白猪、巴克夏猪、杜洛克猪杂交,其后代在生长速度、瘦肉率等方面都表现出很好的杂种优势。

二元杂交模式具有许多优点,但主要缺点是只利用了一次杂种优势,而且亲本间性状互补效应也未得到充分体现。

3.1.3.2 三元杂交繁育体系

我国当前生产的三元杂交猪主要有外三元和内三元两种。外三元猪是指参与杂交的三个品种(品系)均为从国外引入的瘦肉型猪种。在我国普遍采用的杜长大商品肉猪就是外三元猪。所谓内三元就是参与杂交的三个亲本中第一母本是地方良种,而第一父本和终端父本都是国外肉用型品种。因为内三元杂交中的母本是地方良种,因而内三元模式可以在一定程度上保留我国地方良种猪繁殖性能强、肉质好的特点。另外,因为地方良种对当地自然社会经济条件的良好适应性,所以该模式在部分地区能够推广。

3.1.3.3 四元杂交繁育体系

国内应用四元杂交最简单的办法就是:在杜长大三元杂交的基础上,将杜洛克与另一父本品种(如皮特兰)杂交,再用二元杂种公猪与长大二元母猪杂交得到四元杂交商品猪。但若使四元杂交获得应有的效果,必须对杂交亲本进行选育提高,并进行配合力测定。例如:广东华农温氏畜牧股份有限公司采用配套系育种理念,利用数量遗传方法结合分子标记技术,培育出由 4 个专门化品系组成的华农温氏Ⅰ号猪配套系。以四系配套生产的 HN401 肉猪肌肉发达,生长快、瘦肉率高、肉质优良、综合经济效益好,日龄 154 d 时体重达 100 kg,活体背膘厚 13.4 mm,饲料转化率 2.49 : 1,100 kg 体重胴体瘦肉率 67.2%,变异系数在 10% 以下。该配套系肉猪可以在规模化生猪养殖中广泛应用。

3.1.3.4 五元杂交繁育体系

商品肉猪的五元杂交繁育体系就是在四元杂交繁育体系基础上,在父母代母猪形成之前,增加一个母本父系,杂交后得到的三元杂种父母代母猪。该繁育体系如图 3-2 所示。

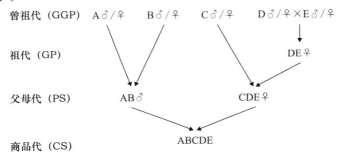

图 3-2 商品猪五元杂交繁育体系模式

商品肉猪五元杂交繁育体系的优点是:与四元杂交比,又多利用了一次杂种优势。在充分利用个体、母本、父本及祖代四个水平杂交优势的基础上,增加了杂种优势和互补效应的利用,从而得到更优秀的五元杂交商品猪。

美国 PIC 公司在我国推行的五元杂交制种系统,把各具特点的几个品系进行杂交组合,生产出生长速度快、抗病力强、瘦肉率高、肉质优的五元杂交商品猪。据该公司资料介绍,繁育体系内的每个品系都是专门化的品系,个体差别较小,因而后代的表现整齐度较高。

为了更加充分利用从不同国家引入的各具特色的优良种猪,将其引用到我国商品肉猪的生产中,喻传洲(2010)在杜长大三元杂交模式基础上,提出了三品五元商品猪杂交生产模式,见图 3-3。

该模式中,三品是指杜洛克、大约克夏、长白三个品种,五元包括:终端父本是两个不同品系的杜洛克(即以美系杜洛克作母本、台系杜洛克作父本)的二元杂种,父母代母猪是两个大约克夏品系和长白杂交的三元杂种。因为该杂交模式纳入了现有的最优良且各具特色的种猪,又拥有五元杂交的优点,所以可以获得满意的商品肉猪;而且是利用现成优良品种或品系,无须像专门化繁育体系那样重新选育多个杂交亲本,因而其生产成本比其他五元杂交猪生产模式的低。

现将上述几种不同杂交方式的杂种优势及性状互补效应比较总结于表 3-1 中。

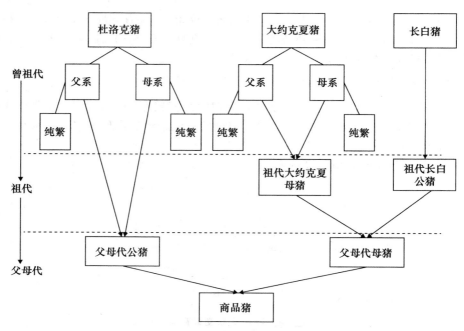

图 3-3　三品五元商品猪杂交模式

表 3-1　商品猪不同杂交方式的杂种优势及性状互补效应比较

杂交方式	杂种优势			性状互补效应
	个体	母本	父本	
纯种繁育 AA	0	0	0	—
二元杂交 AB	1	0	0	＋
三元杂交 A（BC）	1	1	0	＋＋
四元杂交（AB）（CD）	1	1	1	＋＋＋
五元杂交（AB）（CDE）	1	2	1	＋＋＋＋

注：上表中"0"表示无杂种优势，"1"和"2"分别表示利用了 1 次和 2 次杂种优势。"—"表示无性状互补效应；"＋"表示具有性状互补效应，"＋"增多表示性状互补效应增强。

　　从表 3-1 可知，在杂交体系中，杂种优势利用的次数随着参与杂交的亲本数增加而增加，性状互补性也随之增强。因此，杂交效益也相应提高。王楚端和张沅在《猪杂交繁育体系最优化研究》一文中指出：对于一定的繁育方法，繁育体系的平均经济效率随亲本品种数量的增加呈上升的趋势。

　　同时也应该注意：随着亲本的增加，亲本的选育成本、组织管理成本也会相应上升，采用何种繁育体系的关键在于哪种模式能使企业效益最大化。

综上所述,建立商品肉猪杂交繁育体系的目的在于:将优良亲本的育种值,再通过杂种优势和性状互补效应,进行科学组合,集中体现在商品肉猪生产的效益上。

杂交繁育体系不仅在养猪业中,而且在农牧业生产中得到广泛应用,除了奶牛和毛用羊的生产主要是用优秀品种进行纯种繁育外,猪、肉牛、肉羊等普遍采用杂交繁育。

3.2　轮回杂交在肉猪生产中应用

3.2.1　轮回杂交与终端-轮回杂交的区别

通常将畜禽的经济杂交方式分为三类,即:终端杂交、轮回杂交以及终端-轮回杂交。终端杂交包括二元杂交、三元杂交、四元杂交等。

本章3.1节中介绍的杂交方式都属于终端杂交。它是通过不同品种(品系)的最优杂交组合来生产具有杂种优势的商品畜(禽)群。

在本书第2章已经介绍了轮回杂交相关概念和方法。但在此要强调的是:参与轮回杂交的品种(品系)无父系和母系之分。这种杂交方式多在肉牛、肉羊生产中应用。

终端-轮回杂交一般只在猪的经济杂交中应用。该方法的要点即是终端父本公猪与通过轮回杂交获得的母猪进行杂交来生产商品肉猪。这是根据猪的生物学特性而采取的轮回杂交方法。

3.2.2　轮回杂交在肉猪生产中应用的特点

为什么在肉牛、肉羊生产中通常采用轮回杂交,而在肉猪生产中要采用终端-轮回杂交?

参与肉牛、肉羊的轮回杂交的品种一般无父系母系之分。这是因为牛、羊(绵羊)基本上是单胎动物,虽然有时有双胞胎,但概率很低。在本章3.1节曾提到,在猪的杂交繁育体系中,有父系和母系之分,猪是多胎动物,不同品种(品系)间,繁殖性能差异很大,同样是高度培育的瘦肉型猪种,有的品种(品系)窝产仔数只有8~10头,而有的品种(品系)窝产仔数可达15~17头。在猪的杂交繁育体系中,对父系和母系性状的选择各有分工,虽然它们都是瘦肉型,但父系在性状的选择上更偏重于生长速度、瘦肉率、胴体品质等,母系则更偏重于繁殖性能、适应性等。如让父系品种(品系)和母系品种(品系)一起参与轮回杂交,杂交后代母猪的繁殖性能就会降低,将对生产效率产生不利的影响。为了克服轮回杂交这一缺点,同时也为了进一步提高杂种优势率,因此在商品肉猪的轮回杂交中更适宜采用另一种模式——终端-轮回杂交。

终端-轮回杂交,其操作与轮回杂交相似,只是轮回杂交主要用以生产终端杂交所用的杂种母猪,使其与终端父本公猪杂交生产商品肉猪。终端父本公猪可以采用纯种公猪,也可以采用杂种公猪。但在终端-轮回杂交中,终端父本是不参与轮回杂交的。某些国家,如美国、德国就是采取终端-轮回杂交的方式进行商品肉猪生产的。

终端-轮回杂交的生产效率高于轮回杂交,因为从轮回杂交独立出来的终端父本与轮回杂交产生的杂种母本杂交提高了杂交后代群体的杂合度,从而提高了杂种优势。因此,当生产中需要进行轮回杂交时,在条件允许的情况下,尽可能采用终端-轮回杂交。

3.3 终端-长大四元轮回杂交

3.3.1 终端-长大四元轮回杂交模式

在肉猪生产中普遍采用的为终端-轮回杂交的方式,也有研究者推荐终端-长大四元轮回杂交模式,这种杂交模式如图 3-4 所示。

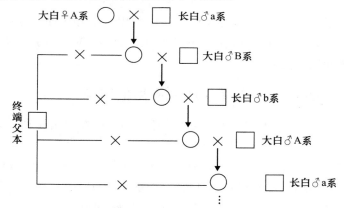

图 3-4 猪的终端-长大四元轮回杂交模式

参与此轮回杂交的包含 2 个品种(大白和长白)、4 个品系(大白 A、大白 B、长白 a 和长白 b),可根据本场母猪群计划更新量在每一代杂种母猪中选择一定比例的优良母猪分别有序地与轮回中的品种(品系)的公猪杂交,其余的母猪则与终端父本公猪杂交生产商品肉猪。此模式称为终端-长大四元轮回杂交模式,也是适合我国国情的高效轮回杂交模式。

依照上述模式图,在实际应用中需要注意以下几点。

(1)参与生产轮回杂交父母代母猪的品种是大白和长白,其中又各包含2个品系,依照这种轮回杂交方式生产出来的杂种母猪与终端父本公猪杂交生产商品肉猪。

(2)此轮回杂交模式中,参与配种的父本品种(品系)的顺序是:长白a系—大白B系—长白b系—大白A系—长白a系,然后按此顺序循环进行轮回杂交。

(3)在每一代的杂种母猪中,绝大部分用于与终端父本杂交生产商品肉猪,其中选择一定比例的优秀个体继续参与轮回杂交生产父母代母猪。这个比例是多少呢?如果猪群更新期为3或2年,则参与轮回杂交母猪的选留比例分别为10%和15%,即可满足杂交母猪群的更新。

3.3.2 长大四元轮回杂交模式的优势

3.3.2.1 选择长白和大白作轮回杂交的理由

该模式中,轮回杂交是为了生产与终端父本杂交的父母代母猪,而长白和大白正是2个理想的母系品种。长白、大白作为优秀的瘦肉型猪种,生长速度快、瘦肉率高,更重要的是它们繁殖性能好。这些都是作为母系的必备条件。

3.3.2.2 四系轮回杂交的优势

上述的"四系"是指长白和大白2个品种各选择2个品系(指来自不同国家或地区的长白和大白)。四系轮回杂交是一种杂种优势率高、成本相对较低的模式。

轮回杂交的最大优点是能在杂种的各世代中保持杂种优势,但轮回杂交会损失一部分杂种优势。这究竟会损失多少?从第2章已经知道,杂种优势率与参与轮回杂交的品种(品系)数量有关。

轮回杂交与非轮回杂交相比,假若其杂种优势完全由杂交群体的基因杂合度来决定,那么由于轮回杂交的亲本在杂交中反复使用,会使群体杂合度降低,而杂种优势随之降低。

若将纯种长白和纯种大白杂交得到的长大二元的杂种优势率定为1(即100%),轮回杂交达到平衡后的杂种优势率随着参与轮回杂交的品种(品系)的增加而逐渐趋近100%。

其中,二元轮回杂交的杂种优势率最低,仅为66.7%;三元轮回杂交的杂种优势率为85.7%;四元轮回杂交杂种优势率达93.3%;五元轮回杂交的杂种优势率为96.8%;六元轮回杂交的杂种优势率高达98.4%。杂种优势率的计算式为:

$$K = (2n-2)/(2n-1) \times 100\%$$

式中:K 为轮回杂交后代达到平衡时后代血统占比,n 为参加轮回的品种(品系)

数,将参与轮回杂交的品种(品系)数代入此式便得到上述杂种优势率。

从上述数据分析可知四元轮回杂交以后,再增加品种或品系数,杂种优势率提高的幅度已经很小。若将轮回杂交的杂种优势效果、生产成本和操作的简便性综合起来看,终端-四元轮回杂交是理想的杂交模式。

3.3.3 从国外引进的优良种猪为轮回杂交提供了多个可供选择的亲本

我国集中了世界上几乎所有的优秀瘦肉型猪种。就以适合作为杂交母本的长白和大白两个品种而言,根据品种来源地不同,有美系、加系、丹系、法系、英系等,这些品种(品系)除了具有生长快、瘦肉率高的共同点外,还各具特色,但也各有不足。例如:美系猪骨骼粗壮、肉用体型好,但产仔性能稍差;加系猪产仔性能好、适应性强,但体型稍疏松;丹系猪产仔性能特好,但四肢较纤弱;法系猪体躯高长、产仔性能好、奶头数多且发育好,但生长速度一般;英系猪综合性能优秀,体型紧凑、品种纯合度高、群内个体整齐度好、杂种优势好,但产仔性能一般。

上述种猪的优良生产性能是它们彼此杂交能获得一般配合力的良好的遗传基础;同时,它们各具特色又能在轮回杂交中优势互补,更好地发挥杂种优势。开展轮回杂交的猪场可以根据当地市场的需求和自然气候条件,以及自家杂交组合试验结果等来确定合适的轮回杂交方案。

3.3.4 轮回杂交的杂种优势中被忽略的因素

3.3.4.1 关于杂种优势率的损失

轮回杂交的杂种优势率与非轮回杂交的二元杂交的杂种优势比较,前者的杂种优势率低于后者,或许正是这种杂种优势率的部分损失可能成为长期以来轮回杂交在我国未被广泛采用的原因之一。

为什么轮回杂交会带来杂种优势率的部分损失呢? 这是因为在轮回杂交中,同一品种(品系)的基因在杂种群体中相遇,使其基因型的纯合子比例提高、杂合子比例降低。参与轮回杂交的品种(品系)数越少,同一品种(品系)在杂种群体相遇的概率就越大 。随着轮回杂交的品种(品系)的增加,杂种优势损失率将会逐渐降低,就以四元轮回杂交而言,达到平衡后杂种优势率理论上会损失 6.7%。但实际应用中情况真会如此吗?

上述"达平衡后的杂种优势率"估测值是以一个假设为前提的,即:参与轮回杂交的品种(品系)遗传基础(基因型)始终不变,但实际上它们的基因型是会因选育而不断变化的。若以猪群更新期为 2 年计算,每个品种(品系)的公猪使用年限也是 2 年,那么 4 个品种(品系)完成一次循环的周期就是 8 年。在商品肉猪生产中,若以 2 年为一个世代,那么轮回一次则需要经历 4 个世代。在现代化种猪选育的当今,通过 4 个世代的选育,种猪将会取得显著的遗传进展,许多性状(尤其是主选性状)的基因型会出现显著差异。在这种情况下,当同一品种(品系)在轮回杂交中再次相遇,基因纯合的概率就会降低,新的基因型杂合的概率会提高,又会产生新的杂种优势。因此,可以认为上述杂种优势率计算值会低于生产实际值,即生产实践中的杂种优势率会比上面计算的理论值更高。

3.3.4.2 生产杂种母猪的亲本差异

上述关于轮回杂交杂种优势率的计算还忽略了一个事实,即用轮回杂交得到杂种母猪的选配方式是:杂种母本×纯种父本。而传统生产二元母猪的选配方式是:纯种母本×纯种父本。

两者生产效率比较,显然是前者优于后者,特别是在繁殖性能和抗逆性方面,杂种母猪优于纯种母猪。因为,像繁殖力和抗逆性这类性状是低遗传力性状,杂种优势会更高。

3.3.5 关于杂种选择

在非轮回杂交中,生产父母代母猪的亲本是两个纯种;而在轮回杂交中,生产杂种母猪的母本是杂种,而该杂种猪就是从当代杂种母猪群中选取的一部分(10%~15%)优秀个体。在杂种群中选种能取得遗传进展吗?杂种优势能遗传吗?这在学术界是有争论的。

根据经典遗传理论,杂种优势不能遗传,但也有少数学者持不同观点。经典遗传理论认为,杂种优势是基因的非加性效应产生的,故不能遗传。

但 Schnable 等(2013)提出:仅仅从基因作用角度很难揭示杂种优势的机理。杂种优势不仅与基因本身的变异有关,而且还与基因表达方式有关。因此,表观遗传变异和杂种基因型的相互作用的机制也可能是杂种优势形成的潜在原因。根据表观遗传理论,生物在后天的获得性也是可能遗传的。由此是否可以推测杂种优势也是可能遗传的?

吴仲贤和李明定(1989)提出了"杂种遗传力"的概念。他在《一个新的数量遗传参数——杂种遗传力》一文中指出:"杂种遗传力"不同于遗传力,对于一对微效基因 A、a 来说,其杂合子每代都以 $(1/4)AA+(1/2)Aa+(1/4)aa$ 的比例继续分离,致使杂种遗传力每代都有 $(1/16)V_H$ 的增量。这也许就是为什么由杂交 F_1 能较快地选育出一个高产纯种(系)的原因所在,这一点已被我国近年来从进口的杂种鸡中很快选育出高产纯种(系)的经验所证明。文章又提出:由于杂交育种中遗传力概念的引入,许多在纯种中所应用的公式均可推广到杂交育种中,从而统一了数量遗传学关于选种和选配的理论,开阔了我们的视野。既然在杂种群体中,数量性状能计算出遗传力,是否可以推测杂种优势也可遗传?

此外,王楚端和张沅(1996)在《猪杂交繁育体系最优化研究》一文中,介绍终端杂交繁育体系时提出:专门化品系中,对不同性状各有侧重,然后通过合理的组合取得最佳的经济效益,其中纯种及杂种的性能皆可以用来估计个体的育种值,甚至可以进行杂种选择。这是否说明在杂种群中选种也能获得遗传进展?

一些从事农作物育种的专家根据常年的农作物育种实践,得出结论:杂种优势(至少是部分杂种优势)是可以遗传的。牧原食品股份有限公司长期以来在猪的杂交繁育体系中一直采用轮回杂交生产父母代母猪,坚持在杂种母猪群中进行选育,实践结果认为杂种优势在很大程度上是可以遗传的。

3.4 终端-轮回杂交的操作要点

上节介绍了商品肉猪的终端-长大四元轮回杂交模式,较为详细地讲解了它的特点和优点。本节主要介绍终端-轮回杂交模式在猪场实际操作过程中的要点。

3.4.1 轮回杂交实施要点

无论猪场规模大小,在执行该杂交模式时都要注意以下几点。

3.4.1.1 制定终端-轮回杂交方案

根据市场需求、自身的杂交组合试验结果,也可根据已有的成功经验或失败教训,初步选定性能优秀、各具特色的品种(品系)分别用作终端父本以及轮回杂交的母本。对于小型猪场而言,则可直接借鉴本地区大型猪场或集团公司的杂交方案。

3.4.1.2 选出用于轮回杂交的起始种母猪群

接下来,就要选出用于该轮回杂交的起始母猪群。起始母猪群最好是纯种群,而且与轮回杂交方案中首次选配的公猪不属于同一品种(品系),假如方案中首配的公猪是长白 A 系,那么起始母猪群就不能是长白 A 系,否则就不是杂交而是纯繁了。当然,在实际操作过程中,应该是根据本场现有母猪群的实际情况来确定首配公猪的品种(品系)。

在此,需要指出的是:经过非洲猪瘟后,猪种资源匮乏,基于当前国内养猪业的实际情况,起始母猪群可以不是纯种,二元母猪群、回交母猪群均可作为起始母猪群。不过,应该根据本场杂种猪使用的亲本品种(品系),将原先制定的轮回杂交的亲本选配顺序加以调整,以避免同一品种(品系)过早地在杂交群中相遇,降低杂种优势。

当前,不少猪场用杜长大三元母猪生产商品肉猪,在这种情况下,若要转型到终端-轮回杂交,选择杜长大三元母猪作起始群本不是理想之举。因为父本中杜洛克品种的基因占其中一半,会降低三元母猪的繁殖性能;但如果重建起始群既会错失发展的良机,又要投入资金,增加生产成本。在这种情况下,杜长大三元母猪作为起始群是不得已而为之,好在随着轮回杂交世代的更替,杜洛克对繁殖性能的不利影响很快就会消失。

3.4.1.3 选育终端父本亲本和轮回杂交的亲本品种(品系)

终端父本可以用纯种,也可用二元杂种,要依照市场需求和养猪生产效益而定。若是终端父本选用二元杂种公猪,用作母本的品种(如杜洛克)应该为一个保持适当规模的母猪群;用作父本杂交的品种(如皮特兰)是否需要建立亲本群视企业养殖规模而定,养殖规模不大的可直接引进公猪或其精液。

对于用于轮回杂交生产杂种母猪的亲本品种要备齐,且不能轻易变更。如果采用长大四元轮回杂交,长白和大白各建两个纯系。种群大小依商品肉猪生产规模而定,如果猪场规模不大,甚至可以不建立纯种亲本群,直接引进公猪或精液即可。

3.4.1.4 追踪轮回杂交效果

终端-轮回杂交启动后,要做好各项生产记录,准确核算生产成本,及时搜集市场对肉猪产品的反馈信息,调查商品肉猪的销售情况,分析这种杂交模式的经济效益。在此基础上,进一步优化终端-轮回杂交方案。值得注意的是:这种效果追踪在终端-轮回杂交的全过程都是必需的,因为轮回杂交的亲本在不断选育,每个世代都会有不同程度的遗传进展,因此杂交效果也会产生相应变化。

3.4.2 规模化猪场可实行分区轮回杂交制度

3.4.2.1 分区轮回杂交

为了便于在规模化猪场推广终端-轮回杂交,提出了商品肉猪"终端-分区轮回杂交"模式,供养猪人员参考使用。该模式如图3-5所示。

1.参与轮回杂交的两个品种分别是长白(L)和大白(Y);两个品系分别是A系和B系。

2.参与轮回杂交的公猪的顺序,以Ⅰ区为例,即 LA→YA→LB→YB→LA,依次轮回,其他区以此类推。

3.4.2.2 分区轮回杂交的优越性

分区轮回杂交模式具有诸多的优越性,主要有以下三点。

(1)适用于各种不同程度的规模化猪场。模式中的"区",范围很广,可以是一个养殖区,可以是一栋猪舍,也可以是楼房养猪的一层楼。因此,它适用于各类规模化猪场。

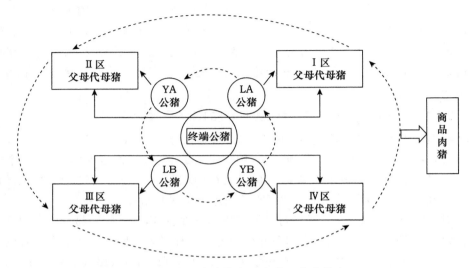

图 3-5　商品肉猪终端-分区轮回杂交模式

（2）该模式有利于生物安全。一个区，就是一个封闭的独立生产单位，包括生产母猪、配种公猪（如有精液供应，也可不养公猪）、仔猪和育肥猪。该区的猪只出不进，对于防控疾病是一个很好的生物安全举措。

（3）有利于公猪的均衡利用。该模式可保证各区域的猪场轮回杂交有条不紊地进行，而且种猪场的各品种（品系）公猪能够常年均衡利用，不会出现忙闲不均现象，有利于公猪健康，提高公猪利用效率。

3.4.3　终端-轮回杂交成功的关键

"种—料—病—管"是养好猪的四大环节，终端-轮回杂交的成功离不开这四大环节。但是，此处的关键是"种"的问题。在终端-轮回杂交中，"种"的问题上应该注意以下几点。

1.公猪必须生产性能优良且纯合度高

生产性能优良是种畜的必备条件，这一点在前面已经多次强调，在此不再赘述。种猪的纯合度之所以重要是因为亲本的纯合度与杂种优势为正相关。提高种群的纯合度通常有两个途径。

（1）近交　是一把双刃剑，近交在加速优良基因纯合的同时，有害基因也被纯合，这就是近交导致优良性状衰退的原因。其有害性主要表现在：近交会导致后代生活力下降，繁殖力降低，生长发育受阻，遗传缺陷比例增大。然而近交（包括中亲或远亲的温和近交，乃至嫡亲的近交）在原种猪场或曾祖代群体以及在品系繁育中经常被采用，但近交需谨慎使用。因为近交成功的关键是用于近交的优良亲本不携带有害的等位基因,而在近交中隐性有害等位基因的纯合必然导致近交衰退。

(2)同质选配　这里的"同质选配"的含义是:优♂×优♀。它可以是表型上的同质选配,如体躯长♂×体躯长♀、臀丰♂×臀丰♀;也可以是育种值上的同质选配,如日增重高育种值♂×日增重高育种值♀。该选配方式使基因纯合速度更快。

2.不同品种(品系)的公猪应各具特色

因为轮回杂交中包含多个品种(品系),所以不必要求每个品种(品系)在全部性能上都同等优秀,只需在满足瘦肉型基本条件下,突出 $1\sim2$ 个性能即可,于是就形成了多个各具特色的品种(品系)。在杂交过程中,通过遗传的互补效应,使其价值更加完美地体现在商品肉猪的效益上。同时,由于每个品种(品系)在选育中选择的性状少而突出,遗传进展快,纯合速度也快,在杂交中也就会表现出更好的杂种优势。

3.参与轮回杂交的公猪应该来自繁殖力高的母系品种(品系)

在猪的终端-轮回杂交中,轮回杂交是用来生产与终端父本配种的杂种母猪,猪以产仔数为核心,繁殖性能将直接关系到养猪效益。所以,参与轮回杂交的公猪应该来自繁殖力高的长白、大白母系品种(品系),产仔数低的品种(如杜洛克、皮特兰)不宜参与轮回杂交。长白、大白虽然是母系品种,但如果被选育成为专用终端父本品种(品系)也不宜参与轮回杂交。如牧原公司开创的轮回二元育种体系,终端父本不是传统的杜洛克、皮特兰等,而是用本公司选育的专用长白、大白父系品种,这些父系品种也是不参与轮回杂交的。

4.关于种猪选育的两点建议

终端-轮回杂交成功的关键是"种猪",基于种猪选育实践,在种猪选育方面的两点建议。

(1)将获得优良基因放在种猪选育的首位

优良基因必须是被市场和猪场认可的。育种工作者首先要善于发现携带这些优良基因的种猪个体,可借助表型选择方法、数量遗传方法(如 BLUP)、基因选择方法(如基因组选择)等,而这些方法的联合使用可大大提高优良基因选择的准确性。现代生物科技的发展,不仅提高了发现优良基因的准确度,而且还能用基因工程(如基因编辑)创造新的优良基因。

上述这些发现、创造优良基因的手段已经广泛用于世界养猪业,近几十年来,世界种猪性能提高、遗传进展如此快速,在很大程度上应该归功于猪业工作者应用先进科技提高了选择优良基因的准确性。

虽然我国在这方面与国际先进水平尚有一定差距,但我们正在加速追赶。特别是国内一流大型养猪企业资金雄厚、人才济济,又能与高等院校和科研院所相结合,这是我们赶超种猪选育世界先进水平的希望所在。

(2)将"开放与闭锁结合"作为种猪选育的基本策略

所谓"开放",就是把比自身种猪群更优良的基因引进来;"闭锁",就是闭群选育,将优良基因纯合。总之,"开放"与"闭锁"是种猪选育中不可缺少的两个手段。虽然,猪育种工作者对此都认可,但对其含义的理解和实际操作却有不同。一般来讲,开放和闭锁是相互渗透的,开放中有闭锁,闭锁中有开放。开放是绝对的,闭锁是相对的。种猪场对国内开放,可加强种猪场间优良基因的交流,有利于提高优良基因选择的准确性,有利于提高我国的种猪品质;对国外开放,可及时引进更优良的种猪基因,进一步提高国内种猪质量。但是,只开放不闭锁,也是不行的。通过闭锁将种猪基因纯合,固定保存优良基因。这样,在商品肉猪中的杂种优势就更大了。

 思考题

1.为什么商品肉猪生产要建立杂交繁育体系?

2.常见的猪轮回杂交有哪几种模式?

3.为什么说终端-长大四元轮回杂交是适合我国国情的高效轮回杂交模式?

4.不同规模猪场的轮回杂交实施的要点是什么?

5.猪轮回杂交成功的关键是什么?

6.如何评估猪轮回杂交的效果?

第4章

轮回杂交在地方猪选育中的应用

【本章提要】我国地方猪种资源丰富,在优质肉猪多元化生产中作用重大,但普遍存在生产性能低、群体杂的问题。本章针对优质肉猪生产,重点介绍我国地方猪的品种类型及其主要的种质特性,地方猪品种和引进品种间的杂交配合力,地方猪的轮回杂交繁育体系,优质猪轮回-终端杂交体系等内容。

4.1 地方猪的品种类型和种质特性

4.1.1 地方猪的品种类型及典型猪种

4.1.1.1 地方猪的类型

我国有着丰富的猪种资源,据《国家畜禽遗传资源品种目录(2021年版)》,地方猪种共83个。按其起源、自然地理条件、社会经济条件以及外形和生态特点,归纳为华北型、华南型、华中型、江海型、西南型和高原型六大类型。

1.华北型

主要品种有:民猪、八眉猪、黄淮海黑猪、汉江黑猪、浙蒙黑猪,还有新疆猪、内蒙古猪、九泉猪、陕西的北山猪、河南的中牟猪和项城猪等。

2.华南型

主要品种有:两广小花猪、粤东黑猪、海南猪、滇南小耳猪、蓝塘猪、五指山猪、香猪、隆林猪、槐猪等。

3.华中型

主要品种有:宁乡猪、华中两头乌猪、香西黑猪、大围子猪、金华猪、玉江猪等。

4.江海型

主要品种有:太湖猪、姜曲海猪、皖南黑猪,还有江苏的山猪、湖南的桃源黑猪等。

5.西南型

主要品种有:内江猪、荣昌猪、成华猪、湖川山地猪、乌金猪、关岭猪,还有贵州的白洗猪等。

6.高原型

主要品种有:藏猪,其中包括西藏的藏猪、四川的阿坝猪、云南的迪庆猪、甘肃的合作猪和青海的互助猪。

4.1.1.2 中国的典型地方猪种介绍

1.民猪

属华北型。分大、中、小三种类型,头中等大,面直长,耳大下垂。体躯扁平,背腰狭窄,臀部倾斜,四肢粗壮。全身被毛黑色,毛密而长,猪鬃较多。分布于辽宁、吉林和黑龙江三省的民猪与分布在河北省和内蒙古自治区的民猪于 1982 年被定为东北民猪。

(1)繁殖力 初产母猪每胎产仔数 12.2 ± 1.27 头,经产母猪每胎产仔数 15.55 ± 0.69 头,民猪的有效繁殖利用年限长达 5 年。

(2)生长发育 民猪 6 月龄后备母猪的"体重(kg)—体长(cm)—胸围(cm)—体高(cm)"分别为"$54.60-99.38-85.91-52.67$",后备公猪为"$44.48-92.85-80.35-52.80$",成年公猪为"$195.0-148.0-139.0-86.0$",成年母猪为"$151.0-141.0-132.0-82.0$"。民猪增重每千克需消耗消化能 51.3 MJ。

(3)胴体品质 体重 90 kg 的民猪屠宰时,屠宰率为 72.5%,皮率为 12.33%,瘦肉率 46.13%,脂肪率 35.88%,背膘厚 3.22 cm,肉质优良。

(4)杂交利用 民猪与大白、长白、苏白、巴克夏猪杂交,日增重分别为 560 g、517 g、499 g 和 466 g。

2.贵淮海黑猪

属华北型。被毛黑色,嘴筒长直,耳大下垂,背凹陷,腹部下垂。主要分布在淮河以北的泗阳、淮安、沭阳、涟水,淮河以南长江以北整个江淮丘陵地区。

(1)繁殖力 初产母猪产仔 8.0~8.5 头,经产母猪 13.5~14.5 头。

(2)生长发育 6 月龄后备母猪"体重(kg)—体长(cm)—胸围(cm)—体高(cm)"分别为"$46.61-84.30-74.51-49.47$",后备公猪"$43.99-81.70-73.95-49.65$",成年母猪"$127.6-136.5-115.6-68.0$",成年公猪"$176.4-152.1-131.2-83.4$"。贵淮海黑猪体重为 35~90 kg 生长期平均日增重为(441.75 ± 30.34)g,每天可消耗消化能 59.65 MJ,粗蛋白质 382.9 g。

(3)胴体品质 体重为 90 kg 的贵淮海黑猪,屠宰率 71%,膘厚 3.55 cm。

(4)杂交利用 以贵淮海黑猪为母本与杜洛克、长白、大白猪和苏白猪均有杂交。

3.两广小花猪

属华南型。包括陆川猪、福绵猪、公馆猪和广东小耳花猪,1982 年统称为"两广小花猪"。体形较小,头、颈、耳、身、脚和尾短,背腰宽广凹下,腹大拖地。分布于广东和广西相邻的浔江、西江流域的南部等地区。

(1)繁殖力 利用年限为 4 年。初产 8.2 头,经产 12.5 头。

(2)生长发育 6 月龄后备母猪"体重(kg)—体长(cm)—胸围(cm)—体高(cm)"分别为"38.3—79.1—74.7—41.6",成年母猪为"112.1—125.3—113.6—55.1";6 月龄公猪为"32.8—68.3—63.2—34.2",成年公猪为"131.0—124.3—122.5—62.0"。15～90 kg 生长期平均日增重 399 g,每千克增重可消耗消化能 49.03 MJ,可消化粗蛋白 586.6 g。

(3)胴体品质 体重 75 kg 时,屠宰率 67.6%,膘厚 5.9 cm。

(4)杂交利用 可以其为母本与中约克夏猪和长白猪进行杂交。

4.香猪

属华南型。小体型,头较直,额部皱纹浅而少,耳小而薄、略向两侧平伸或稍下垂。四肢短细,全身白多黑少,有两头乌的特征。主要分布在贵州的剑河县。

(1)繁殖力 初产仔猪 9.40±0.55 头。

(2)生长发育 白香猪在幼龄阶段生长缓慢,6 月龄体重约为 26.12 kg,体长、胸围和体高分别为(79.43±0.40)cm、(66.91±1.41)cm 和(40.04±1.97)cm。香猪 3～8 月龄的平均日增重为 233.2 g。

(3)胴体品质 6 月龄屠宰率为 64.46%,背膘厚 2.02 cm,瘦肉率为 45.75%。

5.金华猪

属华中型。头颈和臀尾为黑色,其余部分为白色,少数背部有黑斑。体型较小,耳中等大、下垂,背微凹,腹微垂,臀较倾斜。产于浙江省金华地区的义乌、东阳和金华三县。

(1)繁殖力 初产仔数 11.55±0.20 头,经产仔数 14.22±0.32 头。

(2)生长发育 各部位异速生长系数由小到大次序为:体躯、四蹄、头、颈、胸、腿、臀和腰。胴体组成包括骨、皮、肉和脂。20～70 kg 生长期平均日增重 410 g,每千克增重需消耗消化能 52.21 MJ,消化粗蛋白质 509 g。

(3)胴体品质 体重 70 kg 屠宰时,屠宰率 72.1%,瘦肉率 43.14%。

(4)杂交利用 以金华猪为母本,可与长白、大白、中约克、杜洛克和汉普夏等品种进行杂交。

6.宁乡猪

属华中型。有狮子头、福子头和阉鸡头之分。黑白花猪,耳小,下垂;四肢粗短,多卧系;背凹腹垂;尾尖,尾帚扁平。产于湖南省宁乡市的草冲和流沙河一带。

(1)繁殖力　母猪利用年限大于8年。经产母猪产仔数10.12头。

(2)生长发育　产区育肥猪体重10.5～80.5 kg时,平均日增重368 g。按照标准方式饲养平均日增重为587 g,每千克消耗消化能51.41 MJ。

(3)胴体品质　当育肥猪体重为75～80 kg时屠宰率为70.19%,膘厚4.58 cm。

(4)杂交利用　以宁乡猪为母本,可与约克夏猪和长白猪杂交。

7.大花白猪

属华中型。分布于珠江三角洲和广东省北部42个县市。

(1)繁殖力　平均产仔数13.81头。

(2)生长发育　公猪"体重(kg)—体长(cm)—胸围(cm)—体高(cm)"分别为"37.5—79.3—69.7—51.7",母猪"44.62—81.7—78.0—49.3"。20～70 kg生长期增重454 g,消耗消化能49.74 MJ,可消化粗蛋白质489 g。

(3)胴体品质　体重70 kg时屠宰率为74%,脂肪率41.8%,皮厚0.45 cm。

(4)杂交利用　以大花白猪为母本,可与汉普夏猪、长白猪和大白猪杂交。

8.太湖猪

属江海型。包括梅山猪、枫泾猪、米猪、嘉兴黑猪等。头大额宽;耳大下垂;被毛黑色或青灰色,腹部皮肤多呈紫红色,梅山猪四肢末端为白色。主要分布于长江下游、太湖流域的沿江与沿海地区,体型中等。

(1)繁殖力　初产母猪产仔数11.5头,经产母猪产仔数15.83头。

(2)生长发育　各类型体型差异较大,处于生长期的体重为20～90 kg的太湖猪日增重370～400 g,每千克增重消耗消化能54.88 MJ和粗蛋白质550～580 g。

(3)胴体品质　体重90 kg时屠宰,屠宰率为70%～74%,膘厚3.5～4.0 cm,瘦肉率为39.9%～45.1%。

(4)杂交利用　以嘉兴黑猪为母本,可与大白猪杂交。

9.荣昌猪

属西南型。多数两眼四周、头部、尾根和体躯出现黑斑,其余部位为白色;耳中等大小、下垂,额面有旋毛,背微凹,腹大而深。主要分布在重庆市永川区、四川省泸州市泸县和合江县等十多县。

(1)繁殖力　初产7.7头,经产10.2头。

(2)生长发育　在体重为15～90 kg生长期时,荣昌猪平均日增重623 g,每千克增重消耗消化能50.16 MJ,消化粗蛋白质469.5 g。

(3)胴体品质　体重86 kg的猪屠宰率71%,膘厚3.7 cm,脂肪率38.4%,瘦肉率41%。

(4)杂交利用　以荣昌猪为母本,可与大白猪、巴克夏猪和长白猪杂交。

10.藏猪

属高原型。被毛黑色,鬃毛长而密,长度为 12～18 cm;体小,背腰平直,腹线平直,后躯较前躯高;四肢结实紧凑,体质坚实、直立。分布于西藏自治区的山南市、昌都市、拉萨市和四川省的阿坝州,云南的迪庆藏族自治州和甘肃省的甘南藏族自治州等地。

(1)繁殖力　初产母猪产仔数 5.8 头,经产母猪产仔数 6.43 头。

(2)生长发育　在舍饲情况下,体重达到 53 kg 的全期平均日增重 173 g,每千克增重消耗消化能 72.31 MJ,可消化粗蛋白质 869.8 g。

(3)胴体品质　体重 52 kg 时屠宰率 69.1%,膘厚 5.59 cm。

(4)杂交利用　以藏猪为母本可与长白猪进行杂交,杂种体重达 50 kg 时,日增重较藏猪提高 34.84%,每增重 1 kg 可节约饲料 13.46%。

4.1.1.3　国家畜禽遗传资源品种名录－地方品种猪

《国家畜禽遗传资源品种目录(2021 年版)》中列出的地方品种共计 83 个,具体如下:安庆六白猪、八眉猪、巴马香猪、白洗猪、保山猪、滨湖黑猪、藏猪、岔路黑猪、成华猪、大花白猪、大围子猪、德保猪、滇南小耳猪、东串猪、二花脸猪、碧湖猪、大蒲莲猪、枫泾猪、阳新猪、枣庄黑盖猪、赣中南花猪、高黎贡山猪、关岭猪、官庄花猪、桂中花猪、海南猪、汉江黑猪、杭猪、河套大耳猪、湖川山地猪、华中两头乌猪、淮猪、槐猪、嘉兴黑猪、江口萝卜猪、姜曲海猪、金华猪、莱芜猪、兰溪花猪、兰屿小耳猪、蓝塘猪、乐平猪、里岔黑猪、两广小花猪、隆林猪、马身猪、梅山猪、米猪、民猪、闽北花猪、明光小耳猪、浦东白猪、确山黑猪、嵊县花猪、乌金猪、南阳黑猪、黔北黑猪、荣昌猪、桃园猪、五莲黑猪、内江猪、黔东花猪、撒坝猪、皖南黑猪、五指山猪、宁乡猪、黔邵花猪、沙乌头猪、皖浙花猪、武夷黑猪、莆田猪、清平猪、深县猪、圩猪、仙居花猪、香猪、沂蒙黑猪、雅南猪、粤东黑猪、丽江猪、湘西黑猪、玉江猪、烟台黑猪。

4.1.2　中国地方猪种的种质特性

1.繁殖力强

中国地方猪种母畜普遍具有较高的繁殖力,主要表现为性成熟早、排卵率高和产仔数多等。

(1)初情期与性成熟　中国大多数猪的初情期是很早的,平均日龄只有(97.18±9.12)d。而中国地方猪种的性成熟时间较早,平均为(129.77±10.32)d。

(2)排卵率、排卵数与发情期　中国地方猪种的排卵数,初产猪平均为(17.21±2.35)个,经产猪平均为(21.58±2.17)个。

(3)产仔性能　除华南型、西南型和高原型的部分猪种外,中国地方猪种的产仔数普遍高于引进猪种。

(4)乳头数和泌乳力 与高产仔数密切相关的是母猪的乳头数和泌乳力,中国几个高产猪平均有效乳头数为 17.05±0.51 个,经产母猪平均日泌乳量为(5.12±0.65)kg。

(5)利用年限与母性性能 中国母猪利用年限长,一般母猪 8～10 岁时的繁殖力还很优秀。

中国猪种公猪性发育较早,从 60 日龄起,公猪睾丸发育加快,睾丸发育与精子生成时间及睾酮分泌水平有直接关系。中国公猪的利用年限一般为 3～5 年,特别优秀的个体可根据实际情况延长利用年限。

2.抗逆性强

中国地方猪种具有较强的抗逆性能。抗逆性是指机体对不良环境的调节适应能力。这些不良的环境包括温度、湿度、海拔以及粗放饲养管理、饥饿及疾病侵袭等。而猪的抗逆性主要包括抗寒力、抗热力、耐粗饲能力、对饥饿的耐受力、高海拔的适应力及抗病力等指标。

(1)抗寒力 在－28 ℃严寒条件下,民猪可在室外长时间活动而不表现颤抖和鸣叫。

(2)耐粗饲能力 地方猪种对当地的恶劣环境和粗放的饲养管理适应性强。

(3)对饥饿的耐受力 在人为的低水平饲养条件下,东北民猪比哈尔滨白猪的耐受时间长。

(4)高海拔适应性 藏猪在青藏高原特定的条件下,仅靠放牧和极少量的补饲便可生存,具有很强的抗逆性和高海拔适应性。

3.肉质优良

口感上细嫩多汁、肉味香浓,肉色鲜红,烹饪后肉质色、香、味俱佳,这些都是引进猪种无法与之相比的,也是中国猪种一大特色。

4.早熟易肥,性情温驯

中国猪不但性成熟早,而且经济成熟也早,适宰体重较小,在正确的饲养管理下,饲养 6～10 个月,体重达到 50～100 kg 时即可食用。由于长期以来劳动人民习惯采用阶段育肥的方法,在阶段育肥时期营养水平较低,到育肥末期营养水平不断提高,板油沉积能力逐渐加强,使得中国猪品种在育肥期间所沉积的花油和板油比国外猪种多,形成了中国猪种易育肥的特性。中国猪种的另一特点是性情温顺,易于调教,便于管理。

5.矮小特性

以中国香猪为代表的微型猪,是在特定的生态条件下,经数百年的自然选择和人工选择育成的,它们独具体型小的特点。

6.生长速度较慢

中国猪种普遍生长速度较慢,发育规律特殊。如太湖猪(二花脸)60～300日龄平均日增重385 g,民猪75～250日龄时期平均日增重418 g,都低于引进品种。

4.2　培育品种猪及配套系

4.2.1　培育品种猪

1.新淮猪

新淮猪是由华东农业科学研究所(现江苏省农业科学院)、南京农学院(现南京农业大学)和江苏省农业厅(现江苏省农业农村厅)共同培育而成的猪新品种,于1977年通过江苏省科学技术委员会组织审定。该品种的遗传基础为江苏省地区的淮猪和大约克夏猪。

2.上海白猪

上海白猪是由上海市农业科学院畜牧兽医研究所、闵行县(现闵行区)种畜场、宝山县(现宝山区)种畜场等参加培育而成的猪新品种,1978年通过上海市审定。该品种的遗传基础为梅山猪和枫泾猪等。

3.浙江中白猪

浙江中白猪是由浙江省农业科学院畜牧兽医研究所培育而成的猪新品种,1980年通过浙江省科学技术委员会审定。该品种的遗传基础为长白猪、约克夏猪和金华猪。

4.北京黑猪

北京黑猪是由北京市国有农场管理局培育而成的猪新品种,1982年通过农业部(现农业农村部)审定。该品种的遗传基础为本地黑猪与河北省的深县猪、涿县猪和昌黎猪。

5.伊犁白猪

伊犁白猪是由新疆生产建设兵团农四师培育而成的猪新品种,1982年通过新疆维吾尔自治区畜牧厅和新疆生产建设兵团联合审定。该品种的遗传基础为黑色八眉猪和引进的白猪。

6.汉中白猪

汉中白猪是由汉中白猪育种协作组培育而成的猪新品种,1982年经陕西省科学技术委员会审定为新品种,先后被列入《中国猪品种志》和《中国畜禽遗传资源志·猪志》。该品种的遗传基础为苏白猪、巴克夏猪和汉江黑猪。

7.山西黑猪

山西黑猪是由山西农业大学、大同市种猪场、原平种猪场培育而成的新猪种,

1983年通过陕西省科学技术委员会的审定，获得品种证书。该品种的遗传基础为巴克夏猪、内江猪、马身猪。

8.三江白猪

三江白猪是由黑龙江农垦总局兴隆分局科研所、东北农业大学培育而成的猪新品种，1983年通过农牧渔业部的审定，获得品种证书。该品种的遗传基础为东北民猪、长白猪。

9.湖北白猪

湖北白猪是由湖南省农业科学院、华中农业大学培育的猪新品种，1986年通过湖北省科学技术委员会审定，获得品种证书。该品种的遗传基础为荣昌猪、通城猪。

10.南昌白猪

南昌白猪是由江西省农业厅畜牧兽医局、南昌市畜牧兽医站和新建、进贤、安义、南昌、临川等地种畜场培育的猪新品种，1996年通过农业部畜禽品种审定委员会审定，获得品种证书。该品种的遗传基础为滨湖黑猪、苏白猪、约克夏猪。

11.军牧1号白猪

军牧1号白猪是由吉林大学畜牧兽医学院（原解放军农牧大学）培育而成的猪新品种，1999年通过国家畜禽遗传资源委员会（2007年5月农业部将国家家畜禽遗传资源管理委员会更名为国家畜禽遗传资源委员会）的审定，获得品种证书。该品种的遗传基础为三江白猪。

12.苏太猪

苏太猪是由江苏省苏州市苏太猪育种中心培育而成的猪新品种，1999年通过国家家畜禽遗传资源管理委员会的审定，获得品种证书。该品种的遗传基础为太湖猪群（小梅山猪、中梅山猪、二花脸猪和枫泾猪）。

13.大河乌猪

大河乌猪是由云南省曲靖市畜牧局、富源县畜牧局以及富源县大河种猪场培育而成的猪新品种，2002年通过国家家畜禽遗传资源管理委员会的审定，获得品种证书。该品种的遗传基础为大河猪。

14.鲁莱黑猪

鲁莱黑猪是由山东省莱芜市畜牧兽医局培育而成的猪新品种，2006年通过国家家畜禽遗传资源管理委员会的审定，获得品种证书。该品种的遗传基础为莱芜猪。

15.鲁烟白猪

鲁烟白猪是由山东省农业科学院畜牧兽医研究所、莱州市畜牧兽医站和莱州市瘦肉型猪研究所培育而成的猪新品种，2007年通过国家家畜禽遗传资源管理委员会的审定，获得品种证书。该品种的遗传基础为烟台黑猪。

16. 豫南黑猪

豫南黑猪是由河南省畜禽改良站、河南农业大学、固始县淮南猪原种场等培育而成的猪新品种,2008 年通过国家畜禽遗传资源委员会(2007 年 5 月农业部将国家家畜禽遗传资源管理委员会更名为国家畜禽遗传资源委员会)的审定,获得品种证书。该品种的遗传基础为淮南猪和杜洛克猪。

17. 滇陆猪

滇陆猪是由云南省畜牧兽医研究所、陆良县畜牧局、陆良县种猪场培育而成的猪新品种,2009 年通过国家畜禽遗传资源委员会的审定,获得品种证书。该品种的遗传基础为二花脸猪、乌金猪、长白猪和大白(大约克夏)猪。

18. 松辽黑猪

松辽黑猪是由吉林省农业科学院、吉林红嘴种猪繁育有限公司、吉林精气神有机农业有限公司等参加培育而成的猪新品种,2009 年通过国家畜禽遗传资源委员会的审定,获得品种证书。该品种的遗传基础为民猪、长白猪和杜洛克猪。

19. 苏淮猪

苏淮猪是由淮安市淮阴种猪场、南京农业大学、江苏省畜牧总站等培育而成的新猪新种,2011 年通过国家畜禽遗传资源委员会的审定,获得品种证书。该品种的遗传基础为新淮猪和大白(大约克夏)猪。

20. 湘村黑猪

湘村黑猪是由湘村高科农业股份有限公司、湖南省畜牧兽医研究所、湖南省畜牧水产局培育而成的猪新品种,2012 年通过国家畜禽遗传资源委员会的审定,获得品种证书。该品种的遗传基础为桃源黑猪和杜洛克猪。

21. 苏姜猪

苏姜猪是由江苏农牧科技职业学院、扬州大学、江苏省畜牧总站、泰州市农业委员会等培育而成的猪新品种,2013 年通过国家畜禽遗传资源委员会的审定,获得品种证书。该品种的遗传基础为枫泾猪、姜曲海猪和杜洛克猪。

22. 晋汾白猪

晋汾白猪是由山西农业大学、山西省畜禽繁育工作站、大同市种猪场等参培育而成的猪新品种,2014 年通过国家畜禽遗传资源委员会的审定,获得品种证书。该品种的遗传基础为马身猪、二花脸猪和长白猪。

23. 吉神黑猪

吉神黑猪是由吉林精气神有机农业股份有限公司培育而成的猪新品种,2018 年通过国家畜禽遗传资源委员会的审定,获得品种证书。该品种的遗传基础为北京黑猪、大约克夏猪。

24. 苏山猪

苏山猪是由江苏省农业科学院培育而成的猪新品种,2018 年通过国家畜禽遗传资源委员会的审定,获得品种证书。该品种的遗传基础为苏钟猪和大白猪。

25.宣和猪

宣和猪是由宣威市畜牧兽医局、云南农业大学、宣威市永丰余畜牧科技有限公司等共同培育而成的猪新品种,2018年通过国家畜禽遗传资源委员会的审定,获得品种证书。该品种的遗传基础为乌金猪。

4.2.2 以地方猪为主育成的配套系

4.2.2.1 冀合白猪配套系

冀合白猪是我国育成的第一个含地方猪血统的、瘦肉型猪专门配套系,是河北省"七五"期间和"八五"期间的重大科技攻关项目,2002年通过国家畜禽品种审定委员会猪品种审定专业委员会审定。1987年,定州市种猪场与中国农业大学、河北省畜牧兽医研究所、河北农业大学、保定市畜牧水产局和国营汉沽农场共同合作,历经8年,于1994年育成。

冀合白猪包括2个专门化母系和1个专门化父系。母系A由大白猪、定县猪、深县猪3个品系杂交而成,母系B由长白猪、汉沽黑猪和太湖猪、二花脸四个品系杂交合成。父系C则是由4个来源的美系汉普夏猪经继代单系选育而成。冀合白猪采取三系配套、两级杂交方式进行商品肉猪生产。选用A系与B系交配产生父母代ABAB型母猪再与C系公猪交配产生商品代CAB型猪,并全部育肥。

商品猪全部为白色。冀合白猪被毛全白,背腰平直,体形匀称紧凑,耳小前伸,外观清秀。在培育过程中使用了国内外最优秀的基因材料和先进技术,实现了各系的专门化特点。杂种优势显著,突出特点是性能全面,一致性强,母猪单产高,综合效益好,非常适宜规模化养殖。父母代母猪平均产仔13.52头,商品代154日龄达90 kg,日增重816 g,料肉比2.92∶1,瘦肉率高达60.3%。在常规生产条件下,一头父母代母猪每年可育成仔猪27头,生产瘦肉1 146 kg。

4.2.2.2 滇撒猪配套系

滇撒猪配套系是我国第一个以地方猪种(撒坝猪)选育的专门化品系配套而成的配套系。撒坝猪分布于滇中5个州市,主产于昆明市禄劝县和楚雄州,分布面广,数量多,为云南省中部地区养猪生产中杂交的当家母本。2006年6月通过国家家畜禽遗传资源管理委员会鉴定,原农业部2006年668号公告公布该配套系定名为"滇撒猪配套系"。因此,滇撒猪配套系属三系配套,其中母系以云南地方猪种撒坝猪为育种素材,第一父本以法国长白猪为育种素材,终端父系以法国大约克猪为育种素材。

商品代个体全身白毛,身长而宽,腹圆卷缩有力,臀部丰满,头较短,额宽,耳中等而半直立,四肢坚实有力。体重达 92.34 kg 的日龄为 156.6 d,30～100 kg 生长期的猪日增重(869±5)g,100 kg 体重时猪的背膘厚 22.00 mm,饲料转化率为 2.88%,屠宰率(73.00±2.13)%,平均背膘(2.73±2.40)cm,眼肌面积(34.43±4.92)cm²,瘦肉率(60.98±2.30)%,瘦肉率达国家一级标准。肌内脂肪含量达 3.47%,呈现了撒坝猪专门化母系优质肉质的遗传倾向。

4.2.2.3　鲁农Ⅰ号猪配套系

鲁农Ⅰ号猪配套系 2007 年通过了国家畜禽遗传资源委员会的审定。该配套系为三系配套,其中,ZFY 系和 ZFD 系是山东省农业科学院畜牧兽医研究所以法系大约克和丹系杜洛克猪为主要育种素材,经 5 个世代选育而成的 2 个专门化父系;ZML(母系)是莱芜市畜牧办公室以山东省地方品种莱芜猪和大约克猪为主要育种素材经 6 个世代选育而成的专门化母系。鲁农Ⅰ号猪配套系各专门化品系特征明显,遗传性能稳定。

鲁农Ⅰ号猪配套系商品猪被毛为白色、红色和黑色各占 1/3。经原农业部种猪质量监督检验测试中心(广州)测定,体重达 100 kg 日龄为 174.0 d 的活体猪背膘厚 13.6 mm,料肉比 2.99∶1,胴体瘦肉率 58.39%,眼肌面积 40.11 cm²,肉质优良。

4.2.2.4　渝荣Ⅰ号猪配套系

渝荣Ⅰ号猪配套系于 2007 年 1 月 20 日通过国家畜禽遗传资源委员会猪专业委员会的现场审定,2007 年 6 月 29 日获新品种证书。证书编号为(农 01)新品种证字第 14 号。渝荣Ⅰ号猪配套系(CRP 配套系)是以优良地方猪——荣昌猪的优良基因资源为基础,培育而成的新配套系。它克服了现有瘦肉型猪种生产类型单一、抗逆境能力差、繁殖性能较低及肌肉品质差等不足,具有肉质优良、繁殖力好、适应性强等突出特性,特色鲜明。

该配套系采用三系配套模式,分为父本父系(A 系)、母本父系(C 系)和母本母系(B 系)。配套系商品猪全期日增重为 827 g,料肉比为 2.75∶1,瘦肉率为 62.8%,pH 为 6.22,肌内脂肪含量为 2.59%。

4.2.2.5　川藏黑猪配套系

川藏黑猪配套系是四川省畜牧科学研究院历经 12 年培育而成的,2014 年 3 月 5 日通过国家畜禽遗传资源委员会审定,证书编号为(农 01)新品种证字第 23 号。该配套系采用三系配套各品系特色突出,遗传稳定,F01 系是由藏猪和梅山猪培育成的合成母系,S05(巴克夏血统)为第一父本,S04(杜洛克血统)为终端父本。川藏黑猪配套系的创新点是聚合了地方猪种和引进猪种的优势特色性状基因,具有生产效率高、抗逆性强、胴体瘦肉率高、猪肉细嫩多汁、香味浓郁、回味悠长的突出特点,是发展特色养猪业,满足多元化猪肉消费市场需求的优良品种。

4.2.2.6 华特猪配套系

华特猪配套系是由甘肃农业大学等 5 个单位联合培育的,包括父本母系、母本父系和母本母系 3 个专门化新品系,是以甘肃白猪及其他地方品种的基因库为原始素材,以杜洛克及其他地方品种的基因库为原始素材,根据杜洛克、长白和大约克的生产性能和种质特性,结合 ABC 3 个专门化瘦肉型猪新品系培育方向,利用现代育种手段,筛选出与杜洛克(D)有特殊配合力的 DA、DB 和 DABC 型理想配套模式。

以华特猪配套系生产的杂交品种猪,100 d 时,日增重 747 g,料肉比 3.38,屠宰率 75.25%,膘厚 2.58 cm,眼肌面积 30.57 cm²,后腿比例 28.68。体重达 100 kg时,瘦肉率为 60.50%,酸度 6.29,肉色 3.50,大理石纹 3.50,失水率 12.05%。

4.2.2.7 龙宝Ⅰ号猪配套系

龙宝Ⅰ号猪配套系是广西扬翔股份有限公司与中山大学等单位经过 13 年时间培育完成的。通过陆川猪、隆林猪、大白猪、长白猪、杜洛克猪等品种间 6 种不同杂交组合试验确定的大长陆三元杂交为最优配套组合。

在专门化品系培育过程中,运用现代猪育种原理与方法,以广西地方猪种陆川猪为育种素材,培育了母系母本(LB33),重点对繁殖性能、肉品质和适应性进行选育;以长白猪为育种素材培育了母系父本(LB22),生产二元杂交母猪(LB23)作为父母代母猪,以大白猪为育种素材培育了终端父本(LB11)生产龙宝 1 号猪配套系优质商品肉猪(LB123)。

LB123 商品猪,全身被毛白色,背部、耳部、臀部略有灰色斑块,体质结实,结构匀称,头大小适中,耳竖、较大,背腰平直,中躯较长,腿臀较丰满,收腹,四肢粗壮结实,身体各部位结合良好。该品种猪达 100 kg 体重时日龄为 202 d,30~100 kg 生长期日增重 603 g,料肉比 2.75∶1。屠宰体重 98.8 kg,屠宰率 72.3%,瘦肉率 60.0%,pH 5.96,肉质优良,分为无 PSE 肉和 DFD 肉。

4.3 地方猪品种与引进品种间的杂交效应

杂种优势是生物界里的一种普遍现象,指两个具有不同性状的亲本杂交而产生的 F₁,在生活力、生长势、繁殖力、适应性以及产量、品质、对不良环境因素的抗逆性等方面优于双亲的现象。

现在世界比较流行的猪杂交体系中,每个系统内要饲养几个不同品系的猪,为了提高生产性能,有计划地选用不同品系的猪进行杂交,生产商品猪的方式被广泛利用,其优点是充分利用了杂种优势和不同品种的优点,是目前商品猪生产体系的主要形式。养猪业发达的国家很早之前便建立了良好的种猪繁育体系，以求充分利用猪的杂种优势，培育高生产性能的商品猪。我国开展的地方猪杂交利用工作，多数品种在生长速度、饲料转化率和瘦肉率等方面，与国内外一些商用品种、"杂优猪"存在较大差距。目前，我国常用的主要商品猪生产模式为二元杂交和三元杂交。二元杂交，是利用两个不同品种的公、母猪进行杂交所产生的杂种一代，全部用来育肥。这也是目前养猪业推广的"母猪本地化、公猪良种化、肥猪杂交一代化"的杂交方式。长白猪、大白猪和杜洛克猪以其生长速度快、饲料转化率高，在国内可将其用作杂交父本品种；地方猪及地方培育品种猪具有繁殖力强、抗逆性强、肉质优良、早熟易肥、性情温驯、矮小等特点，可作为杂交的母本。将二者进行杂交，容易获得较为明显的杂种优势。

本节将用典型案例阐述引入品种作为父本、地方猪品种作为母本的组合间杂交效应。

4.3.1　八眉杂交猪生长性能杂种优势效应

青海八眉猪又称互助猪，是青海地方优良品种，对青海高原特殊环境有很强的适应性，具有抗逆性强、耐严寒、产仔数多、肉质好、耐粗饲等优点，但存在生长慢、瘦肉率低、饲料转化率低等缺点。

郭永光等（2019）分别选用长白（2头）、大白（2头）和白杜公猪（2头）与青海八眉母猪（90头）进行杂交生产二元杂种猪，杂交组合方式为长白（♂）×八眉（♀）（简称长八）、大白（♂）×八眉（♀）（简称大八）、白杜（♂）×八眉（♀）（简称杜八），长白、大白、白杜和青海八眉猪均为纯繁品种，其各生长阶段的体重指标已测定并记录，随机选取二元杂种猪90头（每个杂交组合30头），以纯繁八眉猪为对照，对生长性能进行测定，并对杂种优势效应进行分析，评价八眉杂种猪生长性能杂交优势。称重并记录二元猪的初生重、20日龄重、35日龄重、2月龄重、4月龄重和6月龄重。应用第1章杂种优势率计算公式分析其杂种优势。

青海八眉猪生长速度慢，胴体性能差，直接肥育生产肉猪效果不好。但与外来品种杂交，杂种优势明显，是较好的杂交母系品种。选用长白、大白和白杜对八眉母猪杂交生产二元杂交猪，结果表明：长白（♂）×八眉（♀）杂交一代（长八）、大白（♂）×八眉（♀）杂交一代（大八）和白杜（♂）×八眉（♀）杂交一代（杜八）中，长八组合仔猪初生重、20日龄重、35日龄重、2月龄重、4月龄重和6月龄重优于其他组合，该组合表现出较强的生长性能优势。

4.3.2　川藏黑猪的配合力测定

四川省畜牧科学研究院养猪研究所多年来一直从事优质风味肉猪的选育和推

广工作,以四川省藏猪的保护和开发利用为目的,培育优质风味肉猪配套系。经过13年培育出3个各具特色的专门化品系:母系F01(藏猪、梅山猪合成系)、父系S04(杜洛克猪)、父系S05(巴克夏猪)。其中母系F01系经过6个世代的选育,父系S04、父系S05经过5个世代的选育,生产性能稳定。为了比较和研究品系间的遗传交配作用,筛选川藏黑猪优质风味配套系最优配套杂交组合,开展川藏黑猪的配合力测定研究。

陶璇等(2014)采用经纬杂交试验设计,父本选用S04、S05,母本选用F01、CH41、CH51,共设置6个杂交组合:S04×F01(CH41)、S05×F01(CH51)、S04×CH41(SH441)、S04×CH51(SH451)、S05×CH41(SH541)、S05×CH51(SH551)。每个组合随机选择2头公猪,共计12头;每个组合配置6窝,共计36窝。每窝选2头体重相近的阉猪,每组12头,共计72头,进行测定。建立统计分析模型,利用配合力综合评定指数进行评定。根据综合评定指数分析结果,SH451综合指数最高,是最优的杂交组合,该组合杂交后代达90 kg体重时日龄为181.17 d,料重比为3.10,瘦肉率为58.25%,肌内脂肪(intra muscular fat,IMF)含量为4.08%,肌纤维直径为83.31 μm。

确定川藏黑猪配套系最佳配套利用方式为三系配套,即以藏猪×梅山猪合成系为母系母本,巴克夏猪为母系父本,杜洛克猪为终端父本。

4.3.3　撒坝猪的配合力测定

撒坝猪是分布于滇中一带的地方猪品种,已成为云南省养猪现代化示范县和商品猪基地县的主要当家母本猪种之一。唐爱发等(2000)以撒坝猪为试验材料,选用11个杂交组合的4个重要肥育性状进行配合力测定,旨在筛选强优组合,了解杂种优势在具体组合、性状中的分布,以便合理地利用其种用价值,促进推广应用。

本试验全部在楚雄彝族自治州种猪场进行。亲本群包括:撒坝(S)、长白(L)、汉普夏(H)、大约克(Y)、杜洛克(D)。共组成11个二元杂交、三元杂交组合:长撒(L×S,重复试验1年)、汉撒(H×S)、约撒(Y×S,重复试验1年)、杜撒(D×S,重复试验1年)、杜长撒(D×LS)、约汉撒(Y×HS)、杜约撒(D×YS)、约长撒(Y×LS)。对上述组合分别测定:达屠宰体重90 kg时的日龄(d)、料重比、日增重(g)和瘦肉率(%),计算各组合的超中亲优势和超高亲优势,并利用SAS统计软件中GLM过程对各组合、性状间的杂种优势(超中亲优势)进行显著性检验。

杂种优势的计算公式为:

$$H_1 = \frac{\overline{F_1} - (\overline{P_1} + \overline{P_2})/2}{(\overline{P_1} + \overline{P_2})/2} \times 100\%$$

$$H_2 = \frac{\overline{F_1} - \overline{P_3}}{\overline{P_3}} \times 100\%$$

式中:H_1为超中亲优势,H_2为超高亲优势,F_1为杂一代性状表型值,P_1、P_2为双亲性状表型值,P_3为双亲中高亲表型值。

根据分析结果可知:撒坝猪在不同组合、性状中超中亲优势比较普遍,在某些组合、性状中还表现出较强的超高亲优势,说明它是杂交猪生产的优良母本。二元杂交以杜撒、三元杂交以约汉撒和杜长撒优势程度较好,这三个杂交组合可望在云南省,特别是滇中一带推广应用。达屠宰体重日龄和日增重两性状超高亲优势表现较强,其内在遗传机制是否为超显性遗传,则有待于应用分子生物学的方法分析杂交亲本和F_1的DNA(或RNA)的变化。各分析性状的杂种优势程度随撒坝猪选育纯度的提高而增大。因此,有关单位应继续开展撒坝猪的选优提纯,同时结合保种工作,以更好地利用杂种优势促进养猪业的可持续发展。

4.3.4　乐平猪的杂交及杂种优势效应

乐平猪已载于《中国猪品种志》。它具有生长快、产仔多、耐粗饲、肉质好等特性。1983—1990年在江西省农业科学院试验猪场和乐平县试验点进行乐平猪与国外瘦肉型猪、大约克夏、长白、杜洛克、汉普夏的二元、三元杂交试验,探讨其后代在江西省生态环境和经济条件下的杂种优势效应,为今后生产活仔多、窝重大、肥育力强、肉质好、经济效益高的商品瘦肉猪提供科学依据。

乐平母猪与大约克夏公猪或长白公猪进行二元杂交,杂交后代的胴体瘦肉率基本相近、肉色稍有差异。而长乐母猪与杜洛克、汉普夏公猪进行三元杂交,杂交后代的瘦肉率较高,肉色中等。乐平母猪与上述品种公猪的三元杂交后代,胴体瘦肉率稍低、肉色较优。

4.3.5　内江猪的配合力测定

内江猪是我国优良地方猪种之一,国内不少地区引用内江猪作父本与当地猪种杂交,表现出良好的配合力。四川省畜牧兽医研究所龙天厚等(1982)采用内江猪为基础亲本与长白猪、苏白猪、巴克夏猪及地方良种成华猪进行正交、反交,观察各组合后代性状杂种优势表现规律,筛选最优杂交组合。在四川省畜牧兽医研究所种猪场按杂交计划配种,获得供试各纯种和正交、反交一代断奶仔猪,每组6头,共78头。试验猪按体重分为前期(20～50 kg)和后期(50～90 kg)两种日粮水平。试验猪体重达90 kg时结束试验,并全部宰杀进行屠宰性状测定,取样分析肉的品质。

根据各杂交组合在平均日增重等性状优势率中的表现,表明内江猪与长白猪杂交的配合力最好。各杂种一代的屠宰率、胴体长、肋骨数、眼肌面积和腿臀比等5项性状值接近双亲均值,表现为加性基因效应,杂种优势不明显,与国内外多数报道一致;背膘和皮肤厚度及胴体中瘦肉、脂肪、皮的百分比均呈现较强的杂种优势,脂肪多表现为正优势,瘦肉、皮表现为负优势;肉品中脂肪含量正交组高于反交组,蛋白质各品种、组合间差异不大;纯种及其杂交一代的肌纤维直径与胴体瘦肉率呈强正相关。长白猪肌纤维直径最大,内江猪最小,正反交杂种则多低于双亲均值,胴体瘦肉率亦呈相同趋势。

4.4 优质猪轮回-终端杂交体系

针对我国瘦肉猪生产中不能持续合理利用地方猪种的问题,以山东莱芜猪为例,山东省提出一种能够持续利用地方猪种的轮回-终端杂交繁育体系。该体系具有简便高效的特点,总体优于本土品种猪和引进品种猪多元经济杂交,繁殖性能和肉质等方面优于外三元猪生产模式,并有利于地方猪种合理持续利用,适合在我国农村建立的瘦肉猪繁育体系中推广。

4.4.1 优质猪轮回-终端杂交体系

该杂交体系(图 4-1)由两部分构成:一是由莱芜猪、大约克夏猪(又称大白猪)、长白猪三品种组成的轮回杂交体系,用于繁育杂交母猪;二是杂交母猪与终端公猪组成的终端杂交体系,用于生产杂优商品猪。其中,轮回杂交体系建立在长大莱三元杂交基础上,在长大莱商品猪中挑选遗传品质和生产性能优良的个体留作繁殖母猪,以后依次按照莱芜公猪、大白公猪、长白公猪的顺序轮流回交,在后代中选取优秀个体生产商品猪。

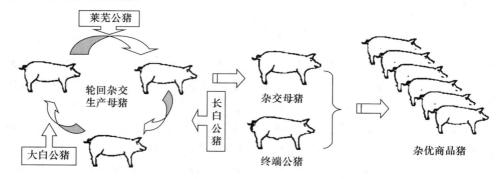

图 4-1 利用莱芜猪的三品种轮回-终端杂交繁育体系

在该体系轮回杂交所产母猪的遗传组成中,平均有 1/3 的基因来自地方品种莱芜猪,2/3 来自瘦肉猪品种大白猪和长白猪,有望较好结合二者的优点(表 4-1)。

表 4-1　莱芜猪、大白猪、长白猪三品种轮回杂交所产母猪的基因构成　　%

基因来源	轮回杂交组合						
	长×大莱	莱×长大	大×长莱	长×大莱	莱×长大	大×长莱	平均
莱芜猪	25.0	62.5	31.3	15.6	57.8	28.9	33.3
大白猪	25.0	12.5	56.3	28.1	14.1	57.0	33.3
长白猪	50.0	25.0	12.5	56.3	28.1	14.1	33.3

注:"长"指长白猪;"大莱"指大白猪与莱芜猪的杂交后代;"莱"指莱芜猪;"长莱"指长白猪与莱芜猪的杂交后代;"大"指大白猪;"大莱"指大白猪与莱芜猪的杂交后代;"长大"指长白猪与大白猪的杂交后代。

该体系轮回杂交所产母猪各世代平均期望产生 85.7% 的杂种优势(表 4-2),有利于杂交母猪表现良好的繁育性能。虽然参加轮回杂交的品种越多,各世代的期望杂种优势水平越高,但是实践中很难找到多个生产性能同时满足需要的母本品种。大白猪和长白猪是两个性能优良、水平相近、广泛使用且仅有的瘦肉猪母本品种,我国大多地方猪品种与大白猪、长白猪有良好的遗传互补性,繁殖性能配合力高。因此在我国农村猪繁育中,采取三品种轮回杂交体系相对合理而且可行。

表 4-2　不同类型的轮回杂交各世代所产母猪的期望杂种优势　　%

杂交体系	轮回杂交世代						
	1	2	3	4	5	6	平衡
二元轮回	100	50	75	62.5	68.8	65.6	66.7
三元轮回	100	100	75	87.5	84.4	85.9	85.7
四元轮回	100	100	100	87.5	93.8	93.8	93.3
五元轮回	100	100	100	100	93.8	96.9	96.8

从 1998 年开始至今,在莱芜约 4.5 万头含有莱芜猪血统的繁殖母猪中,近 20%(约 1 万头)的繁殖母猪已纳入该轮回-终端杂交体系,并表现出良好的生产性能(表 4-3、表 4-4,数据来自生产调查和研究资料)。据猪养殖者反映:轮回杂交母猪普遍产仔多、出生重较大、断奶成活率高,繁殖效果明显好于同批饲养的国外引进猪种。轮回-终端杂交所产商品猪平均肥育期日增重大多在 700 g 以上,瘦肉率为 59%~64%,高于内三元经济杂交组合。与同期外三元相比,尽管该体系杂交猪日增重和瘦肉率不及杜×长大商品猪,但母猪繁殖性能高,母猪窝产瘦肉量超过杜×长大组合。由于杂种猪均含有一定比例(7.8%~31.3%,平均为 16.7%)的莱芜猪血统,商品猪肉具有肉色鲜红、肌内脂肪丰富的优点,很受消费者欢迎。

表 4-3　莱芜猪、大白猪、长白猪三品种轮回杂交所产母猪的生产性能

性状指标	轮回杂交世代						
	莱芜猪	大×莱	长×大莱	莱×长大莱	大×莱长大莱	长×…	平衡
产仔数/头	14.8	16.1	14.4	15.2	14.0	13.8	85.7
断奶仔数/头	11.5	12.6	11.8	12.4	12.2	12.0	93.3
日增重/g	470	570	650	560	640	710	96.8

注:"大"指大白猪;"莱"指莱芜猪;"长"指长白猪。

表 4-4　莱芜猪、大约克夏猪、长三猪品种轮回-终端杂交体系所产商品猪的生产性能

性状指标	杂交母猪的类型					
	大×莱	长×大莱	莱×长大莱	大×莱长大莱	长×…	平衡
日增重/g	680	730	690	720	750	780
瘦肉率/%	58	61	59	62	64	65
母猪窝产瘦肉量/kg	459.7	466.4	468.0	482.2	489.6	455.8

4.4.2　莱芜猪三品种轮回-终端杂交繁育体系的利弊

与单纯使用终端杂交体系相比,这种利用莱芜猪的三品种轮回-终端杂交繁育体系至少有以下优点:①不论直接用于商品生产的繁殖母猪,还是生产繁殖母猪的制种母猪,除第一次杂交外,生产者始终只需饲养杂种母猪,有利于利用繁殖性能和一些低遗传力性状的杂种优势;②绝大多数生产型猪场可以只养杂种母猪,每代引种少量种公猪或利用配种站的种公猪,不需要自己同时维持几个品种的纯繁群,种猪管理非常简便;③绝大多数生产型猪场在只养"一类"杂种母猪的情况下,甚至在商品猪杂交生产的同时,即可自行繁育选留后备母猪,大幅度地节约种母猪更新的成本;④对绝大多数生产型猪场而言,由于一般不需要从外面购买母猪,可以非常有效地降低传入疾病的风险,因为通常引种母猪比引种公猪更容易带入疾病而且更难以控制疾病传播;⑤生产型猪场每代需要引种轮回杂交公猪和终端杂交公猪,公猪更新快,使用周期短,使猪场有机会购买使用更新更好的新品种,或者倾向于使用公猪精液人工授精,客观上有利于良种猪推广和遗传改良;⑥在最终的商品猪生产上采取终端杂交,可以较好地实现终端杂交,具有杂交效果好、商品群整齐的特点。如果终端公猪选择得当,品质高,能够保障商品猪的杂种优势水平和生产效果。

轮回杂交的不利之处也显而易见:一是每一代的杂交都不完全相同,这样会引起种猪遗传构成变化和商品猪生产水平波动,不利于集约化统一饲养管理,通常只

适合中小型猪场;二是除轮回杂交开始阶段外,交配双方会有部分相同,因此不能完全利用杂种优势。

4.4.3　莱芜猪三品种轮回-终端杂交繁育体系对莱芜猪保种的影响

该繁育体系在轮回杂交生产繁殖母猪过程中,只利用莱芜猪公猪参与轮回杂交,而不必饲养莱芜猪母猪,这点与莱芜猪经济杂交中只利用莱芜猪母猪不用公猪正好相反。建立和维持莱芜猪经济杂交的繁育体系,需要平衡原种场、繁殖场、商品生产场三者的利益关系。而在目前的生产和市场条件下,要求人们饲养大量的地方品种母猪,以满足二元或三元母猪制种要求是非常困难的。多年的地方猪经济杂交实践证明,一旦社会上存养的地方猪杂交利用殆尽,就极少有人去反过来饲养生产性能较低的地方猪,这正是利用地方猪的多元经济杂交体系不能持续的软肋。当然莱芜猪也不能例外。在新的轮回-终端杂交体系中,生产者不需饲养莱芜猪母猪,这样不会违背市场规律和生猪养殖者的经济利益;同时该体系需要使用莱芜猪公猪参与轮回杂交,因此对地方猪的利用可以持续。按1:(20~25)的公猪比例计算,目前已纳入该体系的 1 万头繁殖母猪每年约需150 头莱芜猪公猪;若将莱芜全区 4.5 万头含有地方猪血统的繁殖母猪纳入轮回体系,则每年需要莱芜猪公猪 600~700 头,即使完全采用人工授精也需要莱芜猪公猪 150~200 头。这一数量可以达到莱芜猪保种群要求的一般规模,也有利于莱芜猪原种场适度提高公猪的价格,从而更好地开发好保护好莱芜猪这一珍贵资源。

4.4.4　莱芜猪三品种轮回-终端杂交繁育体系建立运行中的主要问题

在实践中推行新繁育模式的首要问题和最大困难在于莱芜猪公猪作为亲本回交环节。这一轮杂交使后代母猪增加了地方猪血统而影响商品猪的生长速度和瘦肉率,生产者很容易对此产生顾虑。其次,是如何控制轮回杂交母猪和终端商品猪生产性能的波动。此外,终端公猪的选择和使用也不容忽视,因为终端公猪对最终商品猪的生产性能起着最关键的决定作用。若要解决好上述问题,不仅需要加强技术研究,做好轮回猪种和终端公猪的选育和配合力测定,而且要进一步探索完善种猪选育、地方猪保护和商品猪生产之间的利益机制和管理运行体制。

思考题

1.如何理解我国地方猪的多样性？我国地方猪的不同地方类型和品种存在哪些差异？

2.对同一地方猪品种而言，其不同品系、不同猪场的猪群有何差别？如何认识地方猪保种或育种群的种群结构以及其中的血统、家系？

3.如何设计地方猪的轮回杂交体系？应重点考虑哪些方面？

4.在地方猪的轮回杂交体系中，如何控制不同杂交轮次间的生产性能变异？

5.在优质猪生产中如何设计由地方品种与引进品种组成的轮回杂交体系？

6.在优质猪生产中如何利用地方品种与引进品种的不同特点，以及轮回杂交和终端杂交的不同优势，设计优质高效的杂交繁育体系？

第5章

猪的杂交亲本选育

【本章提要】不同杂交繁育体系对亲本要求不同,本章对不同杂交繁育体系中所需的猪品种进行介绍,同时对杂交亲本及后备猪选择方法进行介绍,并详细阐述公猪饲养管理、配种利用方法及母猪配种至泌乳结束各阶段饲养管理方法。

5.1 猪的品种介绍

5.1.1 大约克夏猪

大约克夏猪又称大白猪。原产于英国约克郡(Yorkshire,英格兰东北部的一个旧郡)。我国的大白猪由原产于英国的大白猪与地方猪等杂交育成的。该品种饲料转化率和屠宰率高,适应性强,世界养猪业发达的国家均有饲养,是世界上最著名、分布最广的瘦肉型猪种。

大白猪体躯较深长,被毛白色,背平,四肢较高,大腿丰满,肌肉发达。头颈比长白猪稍短,脸微凹,耳中等大、直立。胸部深广,腹部充实而紧凑。后躯深长。成年公猪体重为 300~450 kg,母猪体重为 200~350 kg,繁殖能力强,每胎产仔 10~12 头。肥育猪增重快,饲料转化率高。180 d 体重可达 100 kg,日增重 750~850 g,料肉比(2.8~3.0):1,体重 90 kg 时,屠宰率为 71%~73%,胴体瘦肉率为 60%~65%。

不仅纯种大白猪生产性能优秀,当用来与其他猪种杂交时,无论是作为父本还是母本,产生的杂交后代如大长猪、长大猪都有良好的性能表现,前者突出健美的外形和产肉性能,后者突出母系特征,其窝均总产仔数偏高。大白猪还可以用来作为引进猪种的三元杂交的终端父本,也多可以用来与地方猪杂交,纯种大白猪与纯种黑毛地方猪杂交,由于杂交一代的毛色是白色而受到欢迎。在引进猪种中,大白猪被称为"万能猪种"。

5.1.2　长白猪

长白猪又名兰德瑞斯猪,原产于丹麦,是当今世界上优秀的瘦肉型猪种之一。其主要优点是产仔数多、生长发育快、节省饲料、胴体瘦肉率高等,但抗逆性差,对饲料营养要求较高。

长白猪全身被毛洁白而有光泽,皮肤为淡粉红色,头小颈轻,鼻嘴狭长,耳较大、向前倾或下垂;背腰平直,后躯发达,腿臀丰满,整体呈前轻后重,外观清秀美观,体质结实,四肢坚实。该品种猪肋骨 16～17 对,比其他猪种多 1～2 对,故俗称"多肋猪"。其腹部较小,臀部发达呈方形,后腿肌肉丰满,乳头 6～7 对。成年公猪体重 250～350 kg,母猪 220～300 kg。母猪初情期为 170～200 日龄,适宜配种的日龄为 230～250 d,体重 120 kg 以上。母猪初产仔数 9 头以上,经产仔数 10 头以上。初产仔的 21 日龄窝重 40 kg 以上,经产仔的则为 45 kg 以上。

中国 1964 年开始从瑞典引进第一批长白猪,目前在我国长白猪有美系、英系、法系、比利时系、新丹系等品系。生产中常用长白猪作为三元杂交(杜长大)猪的第一父本或第一母本。在现有的长白猪各系中,美系、新丹系的杂交后代生长速度快、饲料报酬高,比利时系后代体型较好、瘦肉率高。

5.1.3　杜洛克猪

杜洛克猪原产于美国东部的新泽西州和纽约州等地。该品种猪全身被毛呈金黄色或棕红色,色泽深浅不一,淡红色和棕红色均为纯种特征,分为美系和加系。杜洛克猪适应性好,无应激敏感现象,易饲养管理,广泛适合于工厂化养殖和农户饲养。

杜洛克猪耳略向前倾,中等大,耳根直立,从耳中部向下垂。头小清秀,面部微凹,背部呈弓形,体躯宽大,胸宽而深,后躯丰满,四肢粗壮,结实,蹄呈黑色而直立。成年公猪 300～450 kg,母猪 300～390 kg,肥育猪在良好的饲养管理条件下生长快、饲料转化率高,180 d 时体重可达 90 kg,日增重 650～750 g,料肉比为(2.8～3.2)∶1,体重 100 kg,屠宰率为 75%,胴体瘦肉率为 61%。

杜洛克猪具有增重快、饲料转化率高、胴体品质好、眼肌面积大、瘦肉率高等优点,但在繁殖性能方面较差些。故在与其他猪种杂交时,经常作为父本,以达到提高瘦肉率和提高产仔数的目的。最常用的配套系为杜洛克×(长白×大白),即俗称的杜长大猪。

5.1.4　皮特兰猪

皮特兰猪原产于比利时的弗拉芒-布拉班特省,是由法国的贝叶杂交猪与英国的巴克夏猪进行回交,然后再与英国的大白猪杂交育成的。该品种的主要特点是瘦肉率高,后躯和双肩肌肉丰满。

皮特兰猪毛色呈灰白色并带有不规则的深黑色斑点,偶尔出现少量棕色毛。头部清秀,颜面平直,嘴大且直,双耳略微向前。体躯呈圆柱形,腹部平行于背部,肩部肌肉丰满,背直而宽大。体长 1.5～1.6 m。产仔数 10 头左右,生长较缓慢,尤其在体重达 90 kg 以上时,生长速度显著减慢。屠宰率为 74%,胴体瘦肉率为67%,瘦肉率高,但肉质不佳。

由于皮特兰猪产肉性能高,多用作父本进行二元或三元杂交。用皮特兰公猪与上海白猪(农系)杂交,其二元杂种猪育肥期的日增重可达 650 g,体重达 90 kg时屠宰,其胴体瘦肉率达 65%。皮特兰公猪配梅山母猪,其二元杂种猪育肥期日增重 685 g,料肉比为 2.88∶1,体重 90 kg 时屠宰,胴体瘦肉率可达 54%左右。用皮特兰公猪与长上的母猪(长白猪与上海白猪杂交品种),其三元杂种猪育肥期日增重 730 g 左右,料肉比为 2.99∶1,胴体瘦肉率为 65%左右。

5.1.5　巴克夏猪

巴克夏猪原产于英国。它是由英国本土品种猪和中国品种猪、暹罗猪杂交而成的。1860 年基本育成,为脂肪型品种。第二次世界大战后,改育为瘦肉型。中国于 19 世纪末引进,曾在辽宁、河北等省与当地品种的母猪杂交,对培育新品种发挥了作用。

巴克夏猪体躯长而宽,鼻短而凹,耳直立或稍前倾,胸深臀宽,被毛黑色,并有"六白"(四肢下部、鼻端、尾帚为白色)特征。成年公猪体重约 230 kg,母猪约 200 kg,母猪初产仔数 7～8 头,经产仔数 8～9 头。近代的巴克夏育肥猪体重为 20～90 kg阶段,日增重 489 g,屠宰率 74.63%,背膘厚 3.86 cm,瘦肉率 54.56%。该品种适应力强,生长快,早熟,但繁殖力偏低,平均每胎产仔 9 头左右。

一般说来,巴克夏猪与我国北方地区猪种杂交的效果好,与南方地区猪种杂交的效果较差。例如,巴克夏猪与民猪杂交,一代杂种猪 12 月龄时体重为 125.86 kg,而民猪的体重只有 74.78 kg,提高了 68.31%。巴克夏猪与海南猪杂交,一代杂种猪12 月龄时体重为 91.78 kg,而海南猪的体重 78.48 kg,提高了 16.95%。

5.1.6　汉普夏猪

汉普夏猪原产于美国,由英国引进的薄皮猪和白肩猪杂交而成,也是世界著名的瘦肉型猪种。

汉普夏猪被毛黑色,在肩和前肢有一白带,故称"银带猪"。该品种嘴长而直,耳中等大小、直立,体躯较长,肌肉发达。成年公猪体重为 315～410 kg,成年母猪体重为 250～340 kg,一般窝产仔数不超过 10 头。公猪平均日增重 845 g,饲料转化率为 2.53%,瘦肉率为 61.5%。

杂交时以汉普夏猪为父本,以地方品种猪为母本较理想。汉普夏猪体质结实,膘厚,瘦肉多,胴体品质好,可用作杂交的终端父本。但缺点是生长速度与其他瘦肉型猪相比稍差,饲料转化率较低。

5.2 种猪的选择

5.2.1 种公猪的选择

种公猪的选择对养猪业的生产效益有非常大的影响,俗话说"母猪好好一窝,公猪好好一坡",所以种用公猪的选择是至关重要的。生产中要充分发挥种猪的繁殖性能,最大限度地提高繁殖效率。培育优质公猪可以获得更多的优质品种,降低生产成本,提高生产质量。培育优质公猪是养猪场生产的一项重要工程。在具体的繁殖过程中,公猪的繁殖是非常重要的。培育优良公猪,可以显著提高后代的质量和数量,降低生产成本,同时优化产业结构。繁殖公猪的选择应具有客观性,一般从体型外貌、繁殖性能、生长育肥与胴体性能等方面进行综合考察。

5.2.1.1 体型外貌

(1)品种特征 种公猪的毛色、体型、头型、耳型等应该具备该品种猪所应有的一些品种外貌特征。

(2)整体结构 种公猪的整体结构看起来要匀称,其头颈、前躯、中躯以及后躯等各部位之间要自然、协调地结合起来,各部位结构也应该具有良好的状态。无论是从正面、侧面还是后面来观察种公猪的体质,都要看起来结实并且健康。

(3)头、颈 种公猪的头部要大小适中,嘴鼻的长度要长短适中,上下的腭唇要充分吻合,额部稍微偏宽,耳朵的大小适宜,颈部长度要适中,并且没有肥腮。

(4)前躯 种公猪前胸肌肉要十分丰满,鬐甲应又平又宽并且没有凹陷,胸宽并且要深,前肢站立起来的姿势要端正,开张行走有力,肢蹄坚实,没有卧系。

(5)中躯 种公猪中躯的背部线条呈微弓,肌肉丰满,腹线平直,腹壁无褶皱,乳头排列有序,乳头数 6 对以上并且在肚脐前应有 3 对,分布要均匀,外形没有缺陷。

(6)后躯 种公猪后躯的臀部丰满,尾根较高,尾巴呈环状,没有斜尻,大腿的肌肉丰满结实,肢蹄粗壮,行走时步伐大而有力,后躯充实坚挺,肌肉丰满,膘情良好健康。

（7）生殖器官　睾丸发育良好,轮廓鲜明;左右两侧睾丸对称,大小一致,阴囊位置适当,且该处皮肤松紧适中,包皮积尿不明显或无积尿,不允许有疝气、单睾、隐睾。性欲旺盛,有主动爬跨的行为。

（8）肢、蹄　种公猪四肢要从前、后、侧三个角度进行观察。从前方观察时,前肢自肩部到蹄间的部分应该呈现两条直线;从后方观察时,后肢自髋部到蹄部的部分应该呈现两条直线;从侧边观察时,前肢的膝盖处一般都要具有一定的角度,后肢髋部到膝部具有少许的倾斜角度,而膝部到蹄部则应呈直立型,蹄叉不分开,蹄壳没有裂纹。

以下列举长白猪、大约克夏猪和杜洛克猪三个品种种用公猪的体型标准,日本种猪登录协会对这三种猪种体型外貌的鉴定标准如表 5-1、表 5-2 和表 5-3 所示(梅书棋等,2013)。

表 5-1　长白猪体型外貌的鉴定标准

类别	体型外貌的鉴定标准	标准评分
一般外貌	体型较大,发育良好,舒展,全身大致呈梯形。身体伸长,后躯很发达,较高,背线稍呈弓状,腹线大致平直,各部位匀称,身体紧凑。性情温顺有精神,性征表现明显,体质强健,合乎标准。被毛白色,毛质好、有光泽,皮肤平滑无皱褶,应无斑点	25
头、颈	头轻,脸要长些,鼻平直。鼻端不狭,下巴正,面颊紧凑,目光温和有神,耳不太大,向前方倾斜可盖住脸部,两耳间距不过狭。颈稍长,宽度略薄又很紧凑,可向头和肩平顺地转移	5
前躯	轻,紧凑,肩的附着好,向前肢和中躯转移良好。胸要深、充实,前胸要宽	15
中躯	背腰长,向后躯转移良好,背大体平直强壮,背的宽度不狭,肋部开张,腹部深、丰满又紧凑,下欤部深而充实	20
后躯	臀部宽、长。尾部附着高,腿厚、宽,飞节充实、紧凑,整个后躯丰满。尾的长度、粗细适中	20
生殖器	发育正常,形、质良好	5
肢、蹄	四肢稍长,站立端正,肢间要宽,飞节健壮。管部不太粗,很紧凑,系部要短有弹性,蹄质好,左右一致,步态轻盈准确	10
合计		100

表 5-2　大约克夏猪体型外貌的鉴定标准

类别	体型外貌的鉴定标准	标准评分
一般外貌	大型,发育良好,有足够的体积,全身大致呈长方形,头、颈清秀,身体富有长度、深度和高度,背线和腹线外观大体平直,各部位结合良好,身体紧凑。性情温顺有精神,性征表现良好,体质强健。毛色白,毛质好、有光泽,皮肤平滑无皱褶,应无斑点	25
头、颈	头要轻,脸稍长,面部稍凹下,鼻端宽,下巴正,面颊紧凑目光温和有神,两眼间距宽,耳朵大小中等,稍向前方直立,两耳间隔宽颈不太长,宽度中等紧凑,向前和肩移转良好	5
前躯	不重,紧凑,肩附着良好,向前肢和中躯移转良好。胸部深、充实、前胸宽	15
中躯	背腰长,向后躯移转良好。背平直,健壮,宽背,肋开张好。腹部深、丰满很紧凑,下肷部深、充实	20
后躯	臀部宽、长,尾根附着高,腿应厚、宽,飞节充实紧凑,尾的长度、粗细适中	20
生殖器	生殖器发育正常,形、质良好	5
肢、蹄	四肢较长,站立端正,肢间距离宽,飞节强健。管部不太粗,很低紧凑,系部要短有弹性,蹄质好,左右一致,步态轻盈、准确	10
合计		100

表 5-3　杜洛克猪体型外貌的鉴定标准

类别	体型外貌的鉴定标准	标准评分
一般外貌	近于大型,发育良好,全身大体呈半月状。头、颈要轻,体要高,后躯很发达,背线从头部到臀部呈弓状,腹线平直各部位结合良好,身体紧凑。性情温顺有精神,性征表现明显,体质强健,合乎标准。毛褐色,毛质好、有光泽,皮肤平滑无皱褶,无斑点	25
头、颈	头部小,颈短,面部微凹,鼻端不狭,下巴正,面颊要紧凑目光温和有神,两眼间距宽,耳略小,向前折弯,两耳间隔宽,颈稍短,宽度中等,很紧凑。向头和肩移转良好	5
前躯	不重,很紧凑,肩附着良好,向前肢和中躯移转良好。胸部深、充实,前胸宽	15
中躯	背腰长度中等,向后躯移转良好,背部微带弯曲,强壮,背要宽,肋开张好,腹部深,下肷部深、充实	20
后躯	臀部宽、长,应不倾斜,腿厚、宽,小腿很发达、紧凑。尾的长度、粗细适中	20

续表5-3

类别	体型外貌的鉴定标准	标准评分
生殖器	生殖器发育正常,形、质良好	5
肢、蹄	四肢较长,站立端正,肢间距宽,飞节强健。管部不太粗,很紧凑,系部要短有弹性,蹄质好,左右一致,步态轻盈、准确	10
合计		100

5.2.1.2 繁殖性能

从精子的外观、射精量、精子的活力、精子的密度、精子的畸形率、顶体完整性等方面对种公猪繁殖性能进行测评鉴定。优质的种公猪要求一次射精量不能低于80 mL,畸形率不能超过30%,精子活力不能低于60%。对于初次采精的种公猪,首次精液检查不合格的公猪,7 d后复检;复检不合格的公猪,10 d后采精一次废弃,再隔4 d后采精检查;仍不合格者,10 d后再采精一次废弃,再隔4 d后进行第4次检查。经过连续5周4次检测,一直不合格的公猪建议淘汰处理。若中途检查合格,视精液品质状况酌情使用。

(1)外观 种公猪的精液外观评定主要是观察精液的颜色、气味。精液颜色正常要求呈乳白色,无异物。如果精液出现黄脓状,或夹杂异物、血液、毛发等均为不合格精液,不能用于输精。猪精液的正常气味是略带腥味的,如果发现有异味则被判定不合格。如果发现精液内含血液、臭味,则认为种公猪可能发生生殖器疾病,要及时淘汰。

(2)精液的密度 也可称为精液的浓度,测定精液的密度是评定精液品质的重要部分,精子密度直接关系到精液的稀释倍数和输精剂量的有效精子数,保证有足够的精子用于人工授精,可以通过此指标来监控种公猪的体况是否健康。此外精液密度还是优化种公猪个体遗传潜力重点要考虑的因素。评定精液密度的方法有目测法和计数法,一般种公猪原精液的密度在每毫升2亿个以上为密度较高,每毫升1亿~2亿个为密度适中,在1亿个以下为密度较低。

(3)精子的活力 指原精液在37 ℃条件下呈直线运动的精子占全部精子总数的比率。精子的活力受到多种因素的影响。有研究表明,当精子被采集出后应立即进行评定和输精,如果活力低于62.5%,产仔数就会降低。但是实际上精液采集后很少会在短时间内使用,一般需要处理后再使用,精液在贮存的过程中活力也会下降。因此在评定精子的活力时,至少要大于60%,具体的精子活力还要根据使用前的贮存计划和在贮存这段时间内的预期活力下降来定。

(4)畸形率 正常精子有头部和尾部,形状像小蝌蚪。畸形精子有多种,例如:

头部畸形(胖头或者其他畸形等),尾部畸形(双尾、弯尾、卷尾等),顶体缺陷(分节、不完全等),以及胞浆小滴残留。精子的外形比精子的活力更能体现出精子的质量。运动的精子可能外形不正常,外形正常的精子可能运动力较低。运动能力低的精子具有受精的能力,但是外形不正常的精子,如没有顶体的精子则不可能受精。在用于人工授精时,需要有确定正常精子外形的比率,在使用种公猪精液时,如果正常精子小于70%则被认为是劣质精液。因此在处理精液时要确保正常形态的精子比例达到70%以上。

(5)顶体完整性 在评定精子的品质时,顶体的完整性比精子的活力更具有代表性,在检查顶体完整性时,其方法与检查精子的外形一样。顶体的完整性低于50%时受胎率很低,这样的精液被认为是劣质精液。

5.2.1.3 生长育肥与胴体性能

养猪业的主要目标是尽可能用最经济简单的方法有效地生产更多的猪肉,从而满足消费者对猪肉的需求,以及使经营者获取相应的盈利。这就要求在培育猪品种时要选择生长速度快、饲料转化率高、瘦肉率高的猪种。据统计,一头猪从开始饲养到出栏屠宰,饲料的消耗费用占饲养总成本的80%左右,因此选择生长速度快、饲料转化率高、瘦肉率高的种公猪对养猪生产者来说是非常重要的。

(1)生长速度 通常有2种衡量的指标,一种是平均日增重,一般指断奶或断奶后15~30 d体重为75~100 kg期间的平均日增重,另一种是从断奶至180日龄的平均日增重。计算公式为:

$$平均日增重(kg/d) = \frac{结束体重(kg) - 起始体重(kg)}{育肥天数(d)}$$

也可用体重达到100 kg的日龄作为生长速度的指标,或用达到一定日龄时的体重作为指标。通常多用的为平均日增重以及体重达100 kg的日龄。

(2)饲料转化率 也称耗料增重比或增重耗料比,可用几种指标进行衡量。其中一种是试验期每单位增重所消耗的饲料量,也称为单位增重耗料量,常用性能测定期间每单位增重所需的饲料量来表示。

$$饲料转化率 = \frac{饲料消耗量(kg)}{结束体重(kg) - 起始体重(kg)} \times 100\%$$

(3)活体背膘厚 采用实时超声波测膘仪测定体重达100 kg时,猪的倒数第3~4根肋骨间距背中线4~6 cm的活体背膘厚,通过活体背膘的厚度来估算瘦肉率。相关操作视频见二维码5-1。

二维码5-1
背膘测定

种公猪的选留标准:①要求种公猪的生长速度快,一般瘦肉型种用公猪体重达100 kg的日龄需要在175 d以下,否则不适宜作为种公猪;②要求种公猪的饲料转化率要高,耗料少,生长育肥期每千克增重的耗料量在 3.0 kg 以下,否则不适宜作为种公猪;③要求种公猪的瘦肉率要高,活体背膘薄,其倒数第 3~4 根肋骨离背中线 6 cm 处的超声波背膘厚在 2 cm 以下,否则不适宜作为种公猪。

生长速度、饲料转化率和瘦肉率三个主要性状的选择标准因品种而异,也可采用体重达 100 kg 的日龄和背膘厚两个性状构成的综合育种值指数评定,根据指数值高低进行选择。

5.2.2 种母猪的选择

优秀种母猪是采用育种手段在短时间内加快种群遗传进展不可或缺的基因载体,而且它直接关系到整个繁育体系的遗传进展和经济效益。种母猪的质量直接影响整个猪群的生产水平。科学合理选择生长速度快、繁殖效率高、适应力强、体型良好的种母猪,可提高种母猪质量。选择高品质的种母猪是生产优良后代的首要条件,可为实现高生产水平、高经济效益夯实基础。种母猪包括以下几类。

(1)经产母猪 指已经生产过仔猪的母猪。

(2)妊娠母猪 指配种受胎后的母猪。

(3)哺乳母猪 指母猪分娩开始至仔猪断奶前的母猪。

(4)空怀母猪 指尚未配种的或者配种后没有受孕的母猪,包括青年后备母猪和经产母猪。

(5)后备母猪 指从 4 月龄到初次配种前留作种用的母猪。

5.2.2.1 体型外貌

生产中可根据猪的体型外貌对个体进行选择。一般来说有以下两种方法:其一是使用特定的测量工具测量猪的各个部位,其二是用肉眼观察来评估工具无法测量的部位。头型、蹄部、乳房等性状一般不参与指数计算,进行独立淘汰选择。

种母猪外型挑选顺序依次为头颈部、前躯部、中躯部、后躯部,最后是外生殖器。

1.头颈部

头颈部包括:头和颈。

(1)头部 是凸显品种特征最明显的部位,不同品种的形状与大小各不相同,但种猪的选择,要求头的大小和体躯一致。头大身小,表示猪在幼年期营养状况不良;头过小,表示猪的体质细弱;而头大会降低屠宰率,故头部大小适中为宜。头的形状和大小是高遗传性状,都能遗传给后代。

（2）颈部　可说明猪整个身体的发育状况。应选颈部宽厚较长的,并且与头及躯干衔接情况良好、肉眼看不出凹陷的。种母猪的颈部稍微细长的,则表明其具有良好的母性。

2.前躯部

前躯部包括:肩、鬐甲、胸和前肢。

（1）肩　要求肩部宽阔且平坦,肩胛角度适中、丰满,与颈部结合良好且平滑。

（2）鬐甲　以宽而平为优,因为鬐甲与背腰互为同源部位。

（3）胸　以宽深和开阔为好,胸宽表明胸部发达,内脏器官发育好,相关机体机能较强,且食欲较强。

（4）前肢　笔直端正,长短适中,左右距离大,前臂以平滑椭圆形为优,且粗端向前;腕不能臃肿,系部要求较短而坚强、粗壮、稍微倾斜;蹄的大小适中,形状一致,蹄壁的角质坚滑、无裂纹。

3.中躯部

中躯部包括:背、腰、腹、乳房和乳头。

（1）背　是生产优质肉的地方,以宽、平、直且长为标准。凹背是脊椎或体质软化的表征,表明邻近部位脊椎相连的韧带相对松弛,是重要的缺陷之一。但对于年龄较大的猪,特别是母猪背部可以允许稍微凹陷。

（2）腰　以宽平、直且强壮为优,长度适中,肌肉充实。

（3）腹　以容积要大、不下垂不卷缩为要求。腹部要大小适中,结实且富有弹性。腹部过大导致下垂说明个体体质软弱。

（4）乳房和乳头　要求有效乳头数 6 对以上,乳头饱满,无乳头缺陷、内翻。乳头排列均匀,前后间隔稍远,左右间隔要宽,有 3 对在肚脐之前,最后 1 对乳头要分开,避免哺乳时过于拥挤。乳头总体对称排列或平行排列,个别呈"丁"字形排列。

4.后躯部

后躯部包括:臀、大腿、后肢和尾。

（1）臀　是最主要的产肉部位之一,以宽、长而平,稍许倾斜,肌肉丰满为优。臀部的长度能够说明大腿发育情况,臀部长说明大腿发育良好,母猪臀部宽阔说明骨盆发达,产仔较多,容易分娩。

（2）大腿　是最主要的产肉部位之一,以厚、宽、长、周正,肌肉丰满为佳,至飞节上部无明显凹陷,肌肉分布一直延续到飞节。

（3）后肢　要求后肢间宽,腿正直,飞节角度要小。

（4）尾　尾根要粗,向后渐小,与肛门有一定的距离,末端卧一束毛,表明发育良好。如果整条尾部都粗,表明性情粗野。尾巴长短要求因品种而异,一般不宜超过飞节,超过飞节是晚熟的特征。

5.外生殖器

对母猪外生殖器的要求为阴户发育良好,外形呈桃形,与周围皮肤有明显差别,无松弛下垂、大小适中。外阴过小预示生殖器发育不好和内分泌功能不强,容易造成繁殖障碍,外阴过大可能正在发情或发炎,无阴门狭小或上翘。

5.2.2.2　繁殖性能

因繁殖性能直接影响生产者的经济效益,故它在猪的育种中占相当重要的地位。一般来讲繁殖性能遗传力都较低,多年的育种实践证明用常规的育种方法所获得的遗传进展十分有限。虽然事实如此,但在选种中仍然不能忽略其繁殖性能。因为交配除了期望获得遗传进展外,更重要的是要防止其他由于遗传中的拮抗关系造成的繁殖性能的退化。繁殖性能的测定工作只能在猪场内进行,这意味着只能进行场内测定,所有的测定工作都必须由场内的工作人员完成。在进行繁殖性能测定时,除了对公、母猪的基本情况登记清楚外,还要测定以下指标。

(1)总产仔数　出生 24 h 内,同窝仔总数,包括死胎、木乃伊胎和畸形胎在内。

(2)产活仔数　出生 24 h 内,同窝活仔数,包括弱仔猪。

(3)初生个体重　仔猪出生后 12 h 以内称取的个体重。

(4)初生窝重　初生同窝活仔猪的初生个体重的总和。

(5)断奶仔猪个体重　断奶时同窝仔猪的个体重。

(6)断奶窝重　同窝断奶仔猪个体重的总和。

(7)产仔间隔　母猪前后两胎产仔日期间隔的天数。

(8)初产日龄　母猪头胎产仔数的日龄。

(9)育成数　断奶的全窝仔猪数,包括寄养仔猪。

(10)存活率　仔猪出生时活仔猪占总产仔数的百分比。

$$存活率 = \frac{仔猪出生时活仔猪数}{总产仔数} \times 100\%$$

(11)哺乳率　母猪哺育仔猪的能力,又称育成率。

$$哺乳率 = \frac{断奶时育成仔猪数}{产活仔数 + 寄入仔数 - 寄出仔数} \times 100\%$$

(12)泌乳力　一般用 21 日龄时全窝仔猪活重来表示,包括寄养仔猪。

另外,如何鉴别母猪泌乳力高低,主要从以下几个方面进行判断。

(1)一般来说,肩背宽厚的母猪,泌乳量少,单脊背的母猪泌乳量多。

(2)双肌臀猪的泌乳能力要比普通猪的泌乳能力低 5%～10%。

(3)在哺乳期间,母猪食欲旺盛,但若出现"母瘦仔壮",则表明母猪泌乳力好。

(4)泌乳的次数和放奶时间:泌乳力高的母猪,每昼夜的授乳次数为28~31次,每次放奶时间为20 s以上;泌乳力差的母猪,则授乳次数少,每次放奶时间也短。

(5)乳头:母猪乳房丰满且间隔明显,乳腺上血管明显,就是泌乳力好的母猪。

(6)若母猪奶头上常沾有草屑,这称为"叮奶头",说明泌乳力在下降。

5.2.2.3 生长育肥与胴体性能

1.生长育肥

生长育肥和胴体性能是衡量一头猪的经济价值的重要指标,一般生长育肥测量3个指标:平均日增重、饲料转化率、采食量。相关性能测定的视频见二维码5-2。

(1)平均日增重(ADG) 试验期间每头猪平均每天体重的增长量,计算方法参照5.2.1.3。

(2)饲料转化率(FCR) 试验期内每头猪增重所消耗的饲料量,计算方法参照5.2.1.3。

(3)采食量 试验期间一头猪的总采食量(g)。

二维码5-2
种猪生长育肥
性能测定

2.胴体性能

胴体性能测定指对屠宰后的胴体进行品质测定,包括胴体组成测定和肉质测定,属于高遗传力性状,具有较高的经济价值。

(1)胴体性能测定共有5个指标:胴体重、屠宰率、背膘厚度、眼肌面积、瘦肉率。

①胴体重:将猪进行屠宰,去掉头、蹄、尾、血、毛和内脏后,带板油和肾脏的部分的质量。

②屠宰率:胴体重与屠宰前的活体重的百分比。

$$屠宰率=\frac{胴体重(kg)}{屠宰前活体重(kg)}\times100\%$$

③背膘厚度:最后一条肋骨距背中线下6 cm处的脂肪厚度(mm),用背膘测定仪测定。

④眼肌面积:最后一节胸椎处背部最长肌的横断面积。

$$眼肌面积(cm^2)=眼肌高度(cm)\times眼肌宽度(cm)\times0.7$$

⑤瘦肉率:将剥离板油和肾脏的胴体,分为瘦肉、脂肪、皮和骨,瘦肉质量与总质量的百分比。

$$瘦肉率=\frac{瘦肉质量(kg)}{骨质量(kg)+皮质量(kg)+脂肪质量(kg)+瘦肉质量(kg)}\times100\%$$

(2)肉品质测定　主要有 5 个指标:肉色、pH、大理石花纹、系水力、肌内脂肪含量。

①肉色(MC):屠宰后在规定的时间内,所测肌肉横断面的颜色。目测肉色对照标准肉色图评分如二维码 5-3 所示。

二维码 5-3
肉色评分表

②pH:屠宰后,肌肉酸碱度的测定值。屠宰后 45~60 min 时肉的 pH 是公认区分肌肉状态的重要指标,屠宰后肉的 pH 与其状态见表 5-4。

表 5-4　屠宰后肉的 pH 与肉的状态

时间	pH	肉的状态
屠宰后 45 min	pH<5.9	PSE 肉
0~4 ℃,静置 24 h	pH>6.0	DFD 肉

③大理石纹(MD):肌肉内可见脂肪分布情况,能反映肌肉纤维之间脂肪的含量和分布。测定方法为在胴体胸腰结合处取眼肌横切面,在 4 ℃下存放 24 h 后,对照肌肉大理石纹评分标准图目测评分,评分标准见二维码 5-4。

④系水力(WHC):肌肉受外力作用时,保持其含水量的能力,也称为持水性或保水力。

二维码 5-4
目测评分表

⑤肌内脂肪(IMF):肌肉组织内所含的脂肪。

5.2.2.4　种母猪淘汰原则

种母猪淘汰是核心群管理的重要内容,在确保均衡育种生产的前提下,合理优化胎龄结构与更新率,应尽可能设法降低被动淘汰比例、提升育种主动淘汰比例。种母猪淘汰标准如下。

(1)后备母猪超过 8 月龄以上不发情或发情症状不明显的。

(2)断奶母猪连续两个发情期以上不发情的。

(3)28 日龄断奶窝重在 60 kg 以下的。

(4)患肢体病、乳房炎、子宫炎等影响生育疾病的。

(5)配种后母猪连续两次、累计三次妊娠期习惯性流产的。

(6)母猪配种后复发情连续两次以上的。

(7)青年母猪第一、二胎窝产活仔数均为 6 头以下的。

(8)经产母猪累计三窝产活仔数均为 7 头以下的。

(9)经产母猪产弱仔,连续两次、累计三次哺乳仔猪成活率低于 60% 的。

(10)母猪哺乳能力差、咬仔、经常难产的。

(11)经产母猪 8 胎以上、窝产活仔数低于 9 头的。

5.2.3 后备种猪的选择

5.2.3.1 断奶阶段选择

仔猪断奶后,在饲养管理过程中也要随时将生长发育不良、性器官出现畸形、健康水平不佳、饲料回报率低的仔猪剔除掉,对后备猪进行初选工作,然后根据免疫程序进行免疫,并进行全面的驱虫。此阶段最好鉴别和确定某个母猪的生产性能及仔猪生长发育的情况,这是选拔后备公、母猪的关键时期。

1.根据系谱选择

首先应对所选种猪的系谱进行仔细核对,挑选系谱清晰且3代以内没有亲缘关系的个体。一般来说,优秀公、母猪交配后所产仔猪个数多而初生重大,生长发育良好,全窝仔猪整齐,初生及断奶时窝重大,哺育率在90%以上。在数窝或几十窝仔猪中均发现上述仔猪,可以认为其父母都是优良的种猪,而不是从任意一窝猪中挑选个别拔尖的仔猪作为后备猪。由于这是初选,所以选留的仔猪要比按要求去更新的后备猪多很多。一般补充1头种母猪需选留3头断奶母猪,补充1头种公猪需选留5头断奶后备公猪。

2.进行个体选择

在窝选的基础上,根据断奶仔猪本身的个体重、生长发育情况、外貌特征来选留后备猪。要求被选的仔猪要具备某一品种明显的特征和特性。个体选择时,在同窝仔猪中应挑选发育良好,体重大,体格健壮,食欲旺盛,行动灵活的仔猪;体型上要求发育匀称,皮肤紧凑,被毛有光泽,背腰平直,肩宽适当,肩中部不凹陷,腹部不下垂,四肢结实而身高较高,以及尾根稍高的仔猪。切莫选留短矮、圆胖、下痢和患疥癣病的仔猪作为后备猪。留种用的母猪乳头应有6对以上,且排列整齐匀称;公猪应两侧睾丸对称,大小一致。如被选仔猪中发现同窝仔猪中有患疝气、乳头缺陷、发育不健全或乳头内凹、闭肛、隐睾等遗传缺陷,最好不从该窝仔猪中挑选后备猪。

5.2.3.2 测定结束阶段选择

1.系谱选择

后备母猪生长发育性状或同胞的肥育性状均是选择后备猪的依据,主要包括生长速度和饲料转化率。

(1)生长速度(平均日增重)

肉猪培育的目标是拥有最大的增重速度,缩短其出栏时间;而后备母猪培育的目的是繁育后代,增重速度不再是首要目标,而是在考虑增重速度的同时,兼顾繁殖系统等的发育,使其体成熟与性成熟同步发展。

(2)饲料转化率

在养猪生产上多习惯用每增重1 kg活体重需要的饲料量(以kg计)来表示。

后备猪应选择那些生长速度快、饲料转化率高的个体。

（3）胴体性状的选择

后备猪体重在 100 kg 左右时测量背膘厚度和眼肌面积，以此来表明本身的背膘、背部脂肪和瘦肉的生长情况。胴体品质是通过屠宰其同胞来获得的，多用屠宰率、背膘厚、眼肌面积、瘦肉率、脂肪率和肌内脂肪品质等来表示。后备猪应选自那些胴体品质良好的家系，特别对父系品种更为重要。对所选种猪的系谱进行仔细核对，挑选系谱清晰，3 代以内没有亲缘关系的个体。

2.估计育种值（estimated breeding value，EBV）选择

在对系谱进行初步筛选后，再结合性能测定结果计算相关性状的 EBV 做进一步的选择。

3.体型外貌选择

对 EBV 选择完成后，对种猪的体型外貌进行选择，选择母猪时要选择乳头排列整齐，间距均匀，没有无效乳头（乳头缺陷、副乳头和翻乳头），乳头数目为 6 对以上的个体；选择没有遗传缺陷（畸形、脐疝、阴囊疝等）的个体；选择外阴大且下垂的个体（外阴小且上翘是母猪生殖系统发育不良的表现）。公猪要选择四肢粗壮有力，睾丸发育良好的个体。

4.整合评估

通过对种猪系谱、EBV 以及体型外貌进行初选后，再对所选种猪的整个群体血缘状况进行整体评估。根据生产目的进行品种和血缘的平衡工作。

5.2.3.3 母猪繁殖配种和繁殖阶段选择

繁殖性状是种猪非常重要的性状。传统的后备母猪饲养管理系统不能很好地为生产者提供连续的后备种猪，其原因就在于传统的管理系统把许多作为评定后备母猪在繁殖性能的指标给忽略或剔除了，从而使生产者无法有目的地选择具备良好繁殖性状的后备母猪，进而无法有计划地对后备母猪进行专门饲养管理。

后备母猪应选自那些产仔数多、哺育能力强、断奶窝重高等具备高繁殖力的家系。优秀后备母猪乳头要发育良好，无乳头缺陷，无过小乳头，排列均匀整齐，乳头 6 对以上；外阴不过小，其大小至少应与尾根横截面积大小相当，不上翘。配种前淘汰个别性器官发育不良、发情周期不规律、发情征兆不明显的后备母猪。

5.2.3.4 终选阶段

在选择后备猪时若要全面了解这些性状的优劣，仅通过选择个体本身是不能达到的。一般根据以下 3 个方面进行选择：一是根据父母的性状选择，当被选个体较小，许多性状尚未表现时，根据父母双亲的生长发育、繁殖和体型外貌等性能进

行早期选择。二是根据同胞猪的性状选择,根据选拔个体同胞的优劣,例如种用同胞猪(不同胎次)的体型外貌、生长发育、繁殖性能,肉用同胞猪的肥育性状和胴体品质等进行选择。三是最重要的选择依据,就是根据个体本身的优劣进行选择,例如个体本身的体型外貌、生长发育、性成熟和性行为表现、背膘厚度和眼肌面积等进行选择。

5.3 公猪的饲养管理与利用

5.3.1 种公猪的饲养

种公猪要求有较强的雄性表现,性欲旺盛、体质健壮,结实而紧凑,体长适中,后躯丰满,肢蹄强健有力,睾丸发育良好、匀称。为此,公猪饲养必须合理。而公猪的营养供应又是维持公猪生命活动、产生精子和保持旺盛配种能力的物质基础。因此,提供营养全面的日粮,可提高公猪的健康水平及配种受胎率。

5.3.1.1 适宜的饲养水平

饲养公猪的日粮要求:每千克日粮含消化能不低于 12.5 MJ,粗蛋白质 14% 以上。体重达到 150 kg 的成年公猪每日消耗热能为 29 MJ,蛋白质为 280 g。饲喂种公猪的日粮中不仅要保证蛋白质的含量,更要注意蛋白质的质量。日粮中缺乏蛋白质,或氨基酸不平稳对精液品质有不良影响,同时也要注意钙和食盐的补充。公猪的日粮中钙、磷的比以 1.5:1 为宜,即每日摄入钙 15 g、磷 10 g、食盐 10 g。维生素 A、维生素 D、维生素 E 对精液品质也有很大影响,体重 150 kg 以上的种公猪在配种期间,应在每千克日粮中供给 41 000 IU 维生素 A、177 275 IU 维生素 D、8.9~11 mg 维生素 E。维生素 D 在饲料中含量虽少,但只要公猪每日有 1~2 h 的日光浴,就可把皮内的 7-脱氢胆固醇转化为维生素 D,满足其需要。

5.3.1.2 饲养方式

根据猪全年内配种任务的集中和分散,分为两种饲养方式。

(1)一贯加强的饲养方式

在现代化养猪情况下,母猪实行全年均衡分娩,公猪必须常年负担配种任务。因此,全年都要均衡地保持公猪配种所需的高营养水平。

(2)配种季节加强的饲养方式

在传统饲养情况下,母猪实行季节产仔,在配种季节开始前 1 个月,对公猪逐渐增加营养,在配种季节保持较高的营养水平。配种季节过后,逐步降低营养水平,但须满足公猪维持种用体况的营养需要。

5.3.1.3 日粮配合

为了满足公猪的营养需要,应根据种公猪饲养标准配制日粮。要求公猪日粮有良好的适口性,体积不宜过大,以免把公猪喂成大肚,影响配种。日粮中不应含有太多的粗饲料,配方如表 5-5 所示(张树敏等,2019)。

表 5-5 种公猪典型日粮配方

饲料配方	非配种期	配种期
玉米/%	43.0	43.0
大麦/%	35.0	28.0
麦麸/%	5.0	7.0
豆饼/%	8.0	8.0
甘草粉/%	—	6.0
槐叶粉/%	8.0	—
鱼粉/%	—	6.0
骨粉/%	—	1.5
贝壳粉/%	0.5	—
食盐/%	0.5	0.5
总计/%	100	100
消化能/(MJ/kg)	12.18	12.54
粗蛋白质/%	12.7	15.4
粗纤维/%	4.9	5.4
钙/%	0.59	0.84
磷/%	0.47	0.68
赖氨酸/%	0.55	0.80
(蛋氨酸+胱氨酸)%	0.33	0.40

如果公猪数量少,在当地买不到公猪商品饲料,而猪场又没有能力配制时,可用哺乳母猪的饲料代替,但不宜采用生长育肥猪饲料。

5.3.1.4 饲养技术

饲养公猪应定时定量。有条件的地方最好采用生饲干喂。每天投喂量按照体重 150 kg 以内的公猪,日喂 2.3～2.5 kg 饲料;体重 150 kg 以上的公猪日喂 2.5～3.0 kg 的全价料,以湿拌或干粉料饲喂均可。每日必须供给充足的饮水。搭配饲料要多样化,可互相弥补营养成分的不足,改善适口性,经济利用饲料,提高饲料转化率。

5.3.2　种公猪的管理

5.3.2.1　群养与单养

公猪一般分单栏喂养和小群喂养。单栏喂养,公猪安静,减少外界的干扰,食欲正常,杜绝了爬跨和自淫的恶习。小群喂养要从断奶开始,一直采用这种方式不会发生打架争斗。而成年以后合群容易造成咬伤,公猪开始配种后一般不宜合群。合群喂养的主要优点是便于管理,但合群饲养,往往引起相互间争斗。为了避免争斗致伤,种用公猪出生后应将其犬牙拔掉,断奶后合群喂养,合群运动。初配时,采用单栏喂养、合群运动,可减少后备公猪的相互咬架争斗。公猪配种后不能立刻回群,待休息 1～2 h,气味消失后再归群。

5.3.2.2　适当运动

运动是加强机体新陈代谢,锻炼神经系统和肌肉的重要措施。合理的运动可促进食欲,帮助消化,增强体质,提高繁殖性能。公猪运动量每天不少于 1 km,一般在早晚进行为宜。运动不足,会严重影响配种利用。有放牧条件的猪场,可用放牧代替运动。夏天应在早晨和傍晚进行配种,冬天在中午进行。如遇酷热严寒、刮风下雪等恶劣天气,应选择适宜地点进行配种。

5.3.2.3　刷拭、修蹄、去獠牙

猪体最好每天用刷子刷拭 1～2 次,夏天让公猪经常洗澡,以减少皮肤病和外寄生虫病,并能加强性活动。要经常注意修整公猪的蹄子,蹄型不正或长出大蹄趾会影响走路和配种。要定期把獠牙打掉,避免咬架时划破皮肤。

5.3.2.4　定期称重

公猪应定期称重,然后根据体重变化检查饲料是否适当,以便及时调整日粮配方。正在生长的幼龄公猪,要求体重逐月增加,但不宜过肥。成年公猪体重应无太大变化,但必须经常保持中上等膘情。

5.3.2.5　经常检查精液品质

配种季节要重视精液品质的检查,最好每 10 d 检查一次。对精液品质不好的公猪要及时改进饲养管理。根据精液品质,调整营养供给、运动和配种次数,这是保证公猪健壮和提高受胎率的重要措施之一。

5.3.2.6　食量控制

公猪不能过饱,以防产生“草包肚”影响配种,饲料要少而精,终生吃八成饱,控

制胼情。

5.3.2.7　平时与母猪分开饲养

非配种时间不让公猪见到母猪或闻到母猪的气味。

5.3.2.8　配种后及时登记

配种记录对种猪场尤为重要,对以后的配种、选种有重要作用。配种后做好记录,以便日后查看。

5.3.3　种公猪的利用

配种利用是饲养种公猪的唯一目的,也是决定它对营养和运动需求量的主要依据。公猪精液品质的优劣和使用年限的长短,不仅与饲养管理有关,而且在很大程度上取决于初配年龄和利用强度。

5.3.3.1　初配年龄

后备公猪的初配年龄,随品种、身体发育状况、气候和饲养管理等条件的不同而有所变化。达到性成熟的后备公猪并不意味着可以配种。最适宜的初配年龄,一般以品种、年龄和体重来确定,小型早熟品种应在 8～10 月龄,体重 60～70 kg 时进行初配;大中型品种应在 10～12 月龄,体重 90～120 kg,占成年公猪体重的 50%～60% 时初配。

5.3.3.2　利用强度

公猪配种利用过度,会显著降低精液品质,影响受胎率;但公猪长期不配种,会致使性欲不旺盛,精液品质差,造成母猪不受胎。据研究,公猪长期禁欲,其繁殖力很差,活力弱的、死的精子很多。因此,必须合理地利用公猪。2 岁以上的公猪最好 1 d 配种一次,必要时日配两次,但不能天天配种。如配一次最好在早饲后 1～2 h 进行;日配两次,应早晚各一次。如公猪每天连续配种,每周应休息 1 d。使用幼龄公猪配种,应每 2～3 d 配一次。

5.3.3.3　公猪的淘汰

公猪质量对全群生产有着巨大的影响,劣质公猪应及时淘汰,而优质公猪要充分利用。老龄公猪体质衰退、配种功能衰弱,应及时予以淘汰。为适应生产需要,不断更新,补充血缘需要的青年公猪,淘汰原有公猪,属于养猪生产中自然淘汰的范围。而公猪若出现精子活动力差、过肥、性欲缺乏、疾病、出现恶癖等,称之为异常,也应及时淘汰。

5.3.4　配种

5.3.4.1　配种方法

1.自由交配

自由交配就是将公母猪放在一起任其交配,达到繁殖的目的。这种方式是最原始的,也是最不经济的。当同时出现多头发情母猪,或由于某公猪的社群地位高,往往造成过度交配,致使母猪群受胎率下降或公猪使用年限减少。又由于公、母猪体质差异太大,致使自由交配困难。

2.人工辅助交配

在实践中形成了人工辅助交配的方式,就是将发情母猪和一头公猪交配,同时在必要时给予人工辅助。

3.人工授精

人工授精是使用器械采集公猪的精液,再将精液输入母猪生殖道中,达到交配的目的。人工授精提高了公猪的配种效能从而加速了品种改良。

5.3.4.2　配种方式

1.单次配种

单次配种指母猪在一个发情期内,只与一头公猪交配一次。这种配种方式的优点是可以提高公猪的利用效率,但是如果饲养人员经验不足,掌握不好母猪的最佳配种时间,受胎率和产仔数都会受到影响。

2.重复配种

母猪在一个发情期内,用同一头公猪先后交配两次,发情母猪在接受公猪爬跨后8～12 h第一次配种,间隔12 h复配一次。优点是可提高母猪的受胎率和产仔数,缺点是增加了饲养的公猪数,降低了公猪利用率。

3.双重配种

在规模化养猪场,最好采用双重配种的方式,提高母猪的繁殖率。母猪在一个发情期内,用不同品种的两头公猪或同一品种的两头公猪,先后间隔5～10 min各交配一次。因交配有促进排卵作用,所以双重配种对提高受胎率和产仔数也有明显效果。

5.4　母猪的饲养管理与利用

5.4.1　配种

5.4.1.1　后备母猪初配适期

后备母猪性成熟的月龄随品种、饲养管理条件而定。我国地方猪种性成熟较早,一般在 3 月龄开始发情,引入的国外猪种性成熟较晚,而刚达性成熟的后备母猪,发情期间虽可接受交配,并有受胎的可能,但不宜过早配种。配种过早,不仅产仔少,而且影响后备母猪本身的生长发育。配种过迟,不仅增加饲养管理费用,而且屡次发情不配,会造成母猪不安,降低采食量,影响生长发育和性机能。在正常情况下,我国地方品种的后备母猪,可在 7 月龄左右,体重达到 $60\sim70$ kg 时即可开始配种;引入的国外品种在 $8\sim10$ 月龄,体重达 $90\sim120$ kg 时即可开始配种;我国培育品种和杂种猪在两者之间。国外引进品种及其他杂种母猪适宜在第二个或第三个发情期初配为宜。

5.4.1.2　促进后备母猪发情的措施

1.异性接触

公猪与后备母猪的不断接触,通过嗅觉、触觉、视觉、听觉以及心理因素等,对后备母猪的性成熟都有一定的促进作用。

2.饲养管理

后备母猪多群养,在移栏、并栏、运输时与公猪接触,对促进后备母猪发情有明显影响。特别是在移栏和运输时与公猪接触作用更大。

5.4.1.3　经产母猪配种准备期的饲养管理

配种准备期母猪的饲养任务是保持正常的种用体况,能正常发情、排卵,并能及时配种。在营养需要上,此期应特别重视蛋白质的供给,不但要保证数量,而且还要注意质量。一般要求日粮中粗蛋白质占 12% 。如果蛋白质供应不足会影响母猪卵子的正常发育,并使排卵数减少。蛋白质品质差也会使母猪受胎率降低,甚至不孕。在矿物质营养上,母猪对钙的供给不足也极为敏感,会造成不易受胎或不孕,产仔数减少或产弱仔多。母猪一般很少缺磷。在日粮中应供给钙 15 g、磷 10 g、食盐 15 g。维生素 A、维生素 D、维生素 E 对母猪的繁殖意义很大。日粮中维生素 A 不足,会降低性机能,还会影响卵泡成熟,使受精卵难以着床,引起不孕,使断奶后母猪发情延迟。若同时缺乏维生素 D,则使上述不良后果加剧。维生素 E 缺乏会造成不育。维生素 B_{12}、胆碱等对母猪的繁殖性能亦有影响。在母猪不缺乏青饲料时,一般不易缺乏维生素,但在冬季和早春缺乏青饲料时,需添加复合维生素予以补充,特别是在集约化养猪生产中更应注意补充。在饲喂时按每千克日粮中供给维生素 A 4000 IU,维生素 D 280 IU,维生素 E 11 mg。

根据母猪配种准备期的营养需要特点在日粮中供给大量的青绿饲料和多汁饲料是很适宜的,这类饲料富含蛋白质、矿物质和维生素,对排卵数量、卵子质量、排卵一致性和受精都有益处。每天每头猪应饲喂 4~5 kg 多汁饲料,5~10 kg 青饲料或 1.9~2.4 kg 混合精料。

对断奶后瘦弱的经产母猪如果不能正常发情,可以采取"短期优饲"的措施,即在短期内(5~7 d)提高日粮能量水平,在日常基础上提高 50%~100%,增加精料投喂量,使其尽快恢复体况,并能较早地发情排卵、配种。

在管理上,要注意保持圈舍清洁卫生、干燥、空气流通,采光良好,温度适宜。一般而言,大多数母猪在断奶 5~7 d 即可发情。对于不发情的母猪应检查原因,及时采取相应的措施。如果是营养不足造成的,就应改善饲养条件,调整日粮组成,适当增加精料,特别是动物性蛋白质饲料的喂量,注意补充青饲料和矿物质饲料。

如果是营养过量造成的,就应减少精料喂量,而增加青绿饲料饲喂,并加强运动可促使其尽快发情。对于久不发情的母猪,可将公猪赶入母猪圈内追逐爬跨母猪,或将公、母猪混养 1 周诱使母猪发情,也可给不发情母猪注射孕马血清 1~2 次,每次肌肉注射 5 mL,或者用绒毛膜促性腺激素,肌肉注射 1 000 U,其效果均较好。

5.4.1.4　发情鉴定

判断母猪是否发情的技术方法包括:试情、外部观察、直肠和阴道检查等。

5.4.1.5　促进排卵的措施

1.改善饲养管理,满足营养供应

对迟迟不发情的母猪,应首先从饲养管理上查找原因。例如,日粮过于单一,蛋白质含量不足或品质低劣,维生素、矿物质缺乏;母猪过肥或过瘦;母猪长期缺乏运动等。技术人员应进行较全面的分析,采取相应的改善措施。如短期优饲、多喂青绿饲料、采用正确的管理、补充新鲜的空气、促进母猪良好的运动和给予充分的光照等都对促进母猪的发情、排卵有很大益处。

2.控制哺乳时间,实行早期断奶或仔猪并窝

控制哺乳时间和次数,促进母猪提前发情。在一个适当的时间提前断奶,母猪可提前发情进行配种。集中产仔时,可把部分产仔少的母猪所产的仔猪全部寄养给另外的母猪进行哺育,产仔少的母猪就能很快发情配种。

3.异性诱导,按摩乳房或检查母猪是否患有生殖道疾病

养殖者可用试情公猪(不作种用的公猪)追赶不发情的母猪,或者每天把公猪关在母猪圈内两三个小时,通过爬跨等刺激,促进发情排卵。另外,按摩乳房也能

够刺激母猪发情排卵。若母猪患有生殖道疾病,应及时诊断治疗。

4.药物催情

注射孕马血清促性腺激素和绒毛膜促性腺激素。前者在母猪颈部皮下注射 2～3 次,每日 1 次,每次 4～5 mL,注射后 4～5 d 就可以发情配种。后者一般对体况良好的母猪(体重 75～100 kg),肌内注射 1 000 U,对母猪催情和促进其排卵有良好效果。

必要时可采用中草药催情。例如每头猪每日喂己烯雌酚 4 mg,阳起石 4 mg, 淫羊藿 8 mg,日服 2 次。在每次喂料时,先取少量饲料加入催情药物拌匀,让猪吃完后,再放入其余饲料让猪吃饱,连用一周即可发情。

5.4.1.6　同期发情

同期发情技术是指用激素制剂或其他方法控制并调整群体母畜发情周期,使其在预定的时间内集中发情的技术,也称同步发情技术。

5.4.1.7　适时配种

1.母猪发情表现

母猪发情时表现为精神极度不安,在栏内来回走动并不停地叫唤,以寻求配偶,待与公猪交配时表现为静立,耸耳翘尾,后肢挺立及全身颤抖状态。发情期母猪还表现为食欲减退,有的吃吃走走,有的乱拱饲料,很不安定。还会相互爬跨,一般爬跨其他母猪的多为刚发情的,接受其他母猪爬跨的多为发情中期。发情期母猪呆立反应,手压其背部静立不动;外阴部潮红、肿胀,并有黏液流出,随之由肿胀到消退,出现皱缩,黏液也逐渐变稠,拨开阴户会见到丝状黏液。但因个体差异,有的母猪发情表现并不明显。

2.配种时机

精子和卵子是在输卵管上端结合的。公猪、母猪交配的时机,是受胎及产仔多少的关键。适时配种,要根据母猪发情排卵规律和两性生殖细胞在母猪生殖道内存活时间全面加以考虑。母猪一般在发情开始后 24～36 h 排卵,排卵持续时间为 10～15 h,卵子在输卵管中 8～12 h 内有受精能力,精子在母猪生殖道内要经过 2～3 h 游动到达输卵管。精子在母猪生殖道内一般存活 10～20 h。据此推算,配种最佳时机,是在母猪排卵前的 2～3 h,即在发情后的 20～30 h。如交配过早,当卵子排出时,精子已失去受精能力;如交配过迟,当精子进入母猪生殖道内时,卵子已失去受精能力。做到适时配种,应认真观察母猪发情开始时间,因猪而异。就我国地方猪种而言,从年龄讲,老龄母猪发情持续时间短,配种时间可适当提前,幼龄母猪发情持续时间长,配种时间可适当推迟;从品种讲,地方猪种适当晚配,引入的国外品种适当早配,我国培育的品种和杂种母猪居中。

5.4.2 妊娠

5.4.2.1 妊娠诊断

常用的是超声波妊娠诊断技术。利用超声波原理诊断母猪妊娠时,将探头接通诊断仪,把接触剂(植物油或食用油等)涂在猪体右侧后腿前 5 cm、离乳头 2.5 cm 的位置,再把传感器对准以上位置向前或向边转动 45°,当传感器与皮肤接触良好时,将听到时断时续的蜂鸣声。若诊断出有羊水,诊断仪将发出持续的声音(即妊娠信号),表明已妊娠。当发出时断时续的信号,表明母猪处于空怀期。若右侧诊断为空怀,重复测一次左边,以便证明测试的准确性。相关视频见二维码 5-5。

二维码 5-5
超声波妊娠诊断

5.4.2.2 妊娠母猪的饲养管理

1.预产期的计算

常用的推算方法为"333"法,即从母猪交配受孕的日期加"3 个月 3 周 3 天",即 3 个月为 90 d,3 周为 21 d,另加 3 d,正好是 114 d。例如:配种日期为 12 月 20 日,则母猪将于 4 月 14 日分娩。

2.妊娠母猪的生理特点和营养需求

(1)妊娠母猪的生理特点

母猪妊娠前期的体重比后期增加得快。妊娠前期由于妊娠代谢率上升,处于妊娠合成代谢状态,表现为背膘加厚,而后期胎儿发育迅速,基于胎儿合成代谢的效率极低(仅为 7%～13%)而消耗大量的能量,加之妊娠母猪由于腹腔的容积渐小而减少采食量。在此期间,摄入的营养物质远不如消耗的营养要求,势必要动用体内贮存的脂肪,这是妊娠 60～70 d 胎盘发育停止与胎儿迅速增长的矛盾。

(2)妊娠母猪的营养需求

妊娠母猪对于营养利用与其他生理时期相比,具有十分明显的特点。表现在以下几个方面:

①合成代谢效益高。妊娠母猪往往在较低营养水平条件下饲养,获得满意的繁殖效果。因为妊娠母猪对营养物质具有较强的同化能力,有"胎儿优先"的保证能力,一旦缺乏营养,母猪会分解自身的营养物质以满足胎儿发育需要。

②妊娠母猪采食量和泌乳期采食量与增重量之间的关系呈反比。妊娠母猪过肥,会导致产后食欲不振。因此,应避免妊娠期母猪增重过多。

③母猪在妊娠前期增重快于妊娠后期。因此,前期可以采用低标准饲养。值得注意的是,妊娠前期是胎儿器官形成的重要时期,前期日粮中的蛋白质品质要基本平衡、充足,富含各种维生素。

④妊娠后期胎儿发育速度明显加快,胚胎的体积也增大较快,此时要控制日粮

的体积,以免压迫胎儿。在饲料类型上,妊娠前期为粗料型,妊娠后期为精料型。为了使母猪生产出体积大的仔猪,并蓄积足够多的营养物质进行泌乳、哺育仔猪,对妊娠母猪应按标准饲养。

5.4.2.3　管理制度

妊娠初期(配种至确定妊娠 35 d 左右)的管理重点是防止胚胎早期死亡、提高产仔数。首先要注意给妊娠母猪饲喂营养全价的日粮,供给充足饮水,使瘦弱母猪快速增膘。其次是注意环境卫生,保持适宜的环境温度,不过热或过冷。如上所述,高温是造成胚胎死亡的重要因素。妊娠前期(35～80 d)母猪应于单体栏饲养,这一时期内随时注意母猪的健康状况,每天检查母猪采食、精神、粪便的变化,一旦发生异常迅速采取措施,予以纠正。妊娠后期(80～110 d)最重要的是使母猪有旺盛的食欲和健康的体质。注意母猪乳房的变化,并根据其变化情况调整饲料组成和喂给量,一旦有较明显的分娩征兆,应尽快送到产房。

5.4.3　分娩

5.4.3.1　分娩前的准备

产房的清洗消毒,对减少仔猪拉稀和保障仔猪成活具有十分重要的作用。母猪在调入产房前,必须对产架及猪舍各部彻底冲洗干净,墙角和产床缝隙等处所残留的粪便也应仔细清除,待其干燥后,用 2% 的氢氧化钠溶液或 2%～5% 的甲酚皂溶液等进行消毒,用清水冲净,然后空栏晾晒 3～5 d,方可调入母猪。

母猪在产前 1 周调入产房,有利于母猪熟悉和适应新的环境。产房应保持干燥(相对湿度最好为 65%～75%)、温暖(温度最好为 22～23 ℃)、通风良好、空气新鲜、光线充足。同时还应对分娩用具,如仔猪箱等进行严格检查,并清洗、消毒。母猪进入产房后,应加强对母猪体型和行为的观察。一旦有分娩症状,要做到人不离猪。

为了预防仔猪拉稀,产前应将母猪的腹部、乳房及阴户附近的脏物清除,然后用 2%～5% 的甲酚皂溶液消毒,消毒后清洗擦干,等待分娩。

5.4.3.2　接产

1.临产征兆

用"三看一挤"的方法观察母猪是否临产。即"一看乳房,二看尾根,三看行为表现,一挤乳头"。临产母猪乳房胀大有光泽,两侧乳头外胀呈八字分开,腹围变小,阴门松懈,尾根附近塌陷(俗称塌胯)。若母猪起卧不安,在圈舍内来回走动,叼草絮窝,排零星粪便,这些行为出现后一般 6～12 h 就要分娩。母猪阴户红肿,有黏液流出,频频排尿,起卧经常改变姿势等行为,用手轻轻挤压母猪的任何一个乳头都能挤出很多很浓的乳汁时,表明母猪马上就要生产了。

2.接产技术

(1)母猪临产前先用 0.1％高锰酸钾溶液依次擦洗乳房、腹部及阴部。

(2)仔猪出生后立即用干净毛巾将口腔、鼻腔黏液擦净,然后用干布或接生粉除净体表胎膜和黏液。

(3)从距仔猪腹部 4 cm 处结扎,5～6 cm 处剪断脐带,涂上碘酒消毒,放入保温箱。

(4)生产完毕后,立即将仔猪从保温箱放出送到母猪身边吃奶,然后填写产仔登记表。

(5)清除胎衣,清洗产床,进行母猪产后保健。

5.4.3.3　分娩过程

1.产出胎儿

仔猪产出后,接产人员应立即用手指将仔猪的口、鼻黏液掏出并擦净,再用抹布将全身黏液擦净。将脐带内的血液向仔猪腹部方向挤压,然后在距离腹部 4 cm 处把脐带用手指掐断,断处用碘酒消毒。若断脐时流血过多,可用手指捏住断处,直到不出血为止。对仔猪进行编号,称重并记录分娩卡片。

2.排出胎盘

母猪于产后 10～30 min 可自行排出胎盘,否则应注射催产素促其排出。胎盘排出之后应及时将产圈清理干净。

3.子宫复原

母猪产后其子宫和产道都有不同程度的损伤,病原微生物容易入侵和繁殖,给机体带来危害。在饲料方面可以添加酵母及微生态制剂,促进母猪消化,避免便秘,促进血液循环,从而促进子宫恢复。同时给母猪服用益母红糖汤,可以活血化瘀,补血补气。在此同时适当增加母猪的运动,刺激母猪乳头、按摩乳房皆可以促进母猪子宫收缩素的分泌,帮助子宫复原。

5.4.3.4　分娩前后的饲养管理

1.分娩前后的饲养

母猪分娩前一周左右要根据母猪膘情来控制饲喂量。膘情较好的母猪,产期要逐步减少饲喂量,每日饲喂量减少 10％～20％,到分娩前 2 d 可减少到日常饲喂量的 1/2。若母猪膘情不好、体况差则不用控制饲喂量,另外增加优质饲料,建议多饲喂含蛋白质高的饲料,促进母猪膘情的恢复。注意母猪分娩当天应当停止饲喂,可适当喂些温的稀麸皮水,防止母猪腹腔压力过大影响产仔。

2.分娩前后的管理

(1)母猪分娩前一周开始上产床,让待产母猪提前熟悉产房环境,有助于生产。

母猪进产房前一定要把产床提前一周彻底清洗、消毒,减少病菌对生产造成的影响。

(2)母猪临产前安排有经验的饲养员轮流值守,发现有生产情况立即采取辅助措施。接生员要修剪指甲,并洗手消毒。对于有产前症状的母猪要用安全的消毒水清洗干净乳房、四肢、腹部以及阴户。

(3)母猪开始产仔时,及时用干净产布把仔猪身上的黏液擦拭干净,并放入32 ℃左右的保温箱中。

(4)注意观察母猪产仔时间,如果产仔的时间间隔在 20 min 以内为正常。如果产仔的时间间隔在 30 min 以上,产程超过 2 h,表现为难产症状,那就要考虑使用缩宫素助产(使用剂量遵医嘱),或人工助产。注意人工助产时接生员一定要带专用手套,动作要轻缓温柔,以免损伤母猪产道,引发疾病。另外,母猪产仔过程中消耗很多的能量和水分,特别是水分。因此要给母猪提供充足洁净的温水,以保证其产后对水的需求。

(5)母猪产完仔后,要让仔猪及时吃上初乳。母猪初乳中含有丰富的免疫球蛋白,能有效增强仔猪的抗病能力(仔猪不吃初乳死亡率极高),提高仔猪的成活率。

(6)确定母猪产完仔后(以胎衣全部产出为准),及时把胎衣收走,防止母猪误食引起肠道疾病。

(7)母猪产后为防止子宫、产道发生感染,灌注或注射抗菌消炎药物(此环节一定要做,这是防治母猪子宫炎最有效的手段)。

5.4.4　泌乳

5.4.4.1　哺乳母猪的饲养管理

母猪产后及泌乳期间体重下降 15%～20%。为了提高母猪的泌乳力,并防止其断奶时过分瘦弱,哺乳母猪不应采取限制饲养方式。相反,应当采取措施,增加母猪的采食量。为此,要注意哺乳母猪日粮的适口性,增加饲喂次数,每顿少喂勤添,日喂 3～4 次,每次定时定量。食欲旺盛的母猪应充分饲养,但注意不要过度饲喂。哺乳母猪的饲料切忌突然改变,以免引起消化疾患,影响乳的产量与品质。母猪在断奶前 2～3 d,应逐渐减少喂料量,以防乳腺炎的发生。哺乳母猪的喂料量应根据不同的个体区别对待:对于带仔多的母猪,要充分饲养,防止因饲料不足造成无奶或少奶;对于带仔少的母猪,要适当控制喂料量,防止断奶时体况过肥。

总之,哺乳母猪的饲养管理工作必须有条不紊地进行,以保证泌乳正常。创造安静的环境,让母猪充分休息,禁止大声喊叫或鞭打母猪。注意产床清洁、干燥,保护母猪乳房不受伤害,经常检查,如有损伤应及时治疗。冬天保持圈内舒适温暖。

而哺乳母猪断奶后,主要任务是促进母猪提早发情,并在首次配种后能够受孕。一般情况下,母猪断奶后大多数在 4～7 d 之内发情配种。

5.4.4.2　泌乳母猪异常情况的处理

泌乳母猪异常情况多为哺乳期便秘,产生的主要原因是产前不减料使得母猪分娩前采食过多,肠内容物迅速增多,粪便在肠内停留时间过长,水分过度吸收,形成便秘。解决办法为合理饲喂,选择高品质饲料,做精准饲喂,并保证母猪充足饮水,加强环境控制,夏季做好降温措施,保证母猪足够的运动等。

 思考题

1.促进后备母猪发情都有哪些方法?

2.如何进行发情鉴定?

3.母猪分娩前要做哪些准备工作?

4.母猪临产时有哪些征兆?

5.怎么挑选轮回杂交种用母猪?

第6章

轮回杂交与种猪选育的案例

【本章提要】本章以牧原食品股份有限公司（以下简称"牧原"）以例，介绍轮回杂交与种猪选育关键技术在实际生产中的应用。牧原通过猪轮回杂交及其创新的轮回杂交二元育种体系，选育出适用于轮回杂交的牧原长白和牧原大白母本品种和品系。这些品种和品系以及相应的终端父本品种和品系，在繁殖、生长速度、瘦肉率和胴体品质等方面性能优良，形成了遗传性稳定、杂种优势明显的轮回杂交二元体系。此外，还介绍牧原的种猪育种思路和实践。

6.1 牧原猪的长白和大白二元轮回杂交及其繁育体系

6.1.1 牧原长白和大白二元轮回杂交繁育体系的由来

非洲猪瘟肆虐了近三年，生猪产业格局变化加剧，牧原因为其独特的二元轮回杂交育种体系而广受关注。回顾我国生猪产业与牧原的发展历程，牧原二元轮回杂交育种体系的建立可谓是时代与自身的双向选择，最初出于成本控制目的建立的育种体系叠加其强大的留种能力，在非洲猪瘟影响下发挥了巨大优势。

成本是牧原从养猪业起步时就开始考虑的重要因素。新中国成立初期，因为油脂的缺乏，我国的生猪养殖行业以苏联的育种体系为主，出栏的猪脂肪多，可以供应一部分的油脂。到了 20 世纪 90 年代，油脂不再缺乏，国民经济增长后老百姓越来越偏爱瘦肉，而彼时美系种猪因瘦肉率高、易于饲养的特点成为进口首选。不过为了防止品种特性退化，企业需要不断地从国外引进原种猪，养殖企业处于非常被动的地位，在高景气度周期原种猪价格也非常高。同时美国、加拿大的饲料体系以玉米、豆粕为主要原材料。但我国豆粕大量需要依靠进口，2013 年之前价格持续上涨，单吨价格平均是玉米的 2 倍，降低豆粕的使用量是牧原降低成本的主要方向。而牧原所处的河南省盛产小麦，小麦中粗蛋白质含量为 13%，单吨价格仅仅是玉米的 1.1 倍，对于牧原而言是较好的豆粕替代品。低蛋白饲料体系与美、加育种体系的不兼容是牧原要解决的第一道难题。然而当牧原开始将小麦替代豆粕作为原材料后，问题出现了。小麦含有抗营养因子阿拉伯木聚糖和 β-葡聚糖，这些多聚糖在肠道内吸收水分后变得膨胀和黏稠，影响消化酶对食糜的水解消化，导致家畜的消化不良。并且小麦的蛋白质含量低于豆粕，在美系外三元的育种体系下，使用小麦将导致养殖效率大幅度下降，以小麦为主的低蛋白质饲料体系并不适应外三元体系。

虽然最后牧原通过试验突破了使用小麦的技术限制，但是育种体系和饲料体系的搭配是公司必须要解决的一道难题，也就是在这时牧原开始探索自己的育种体系。利用长白或大白公猪作为终端父本其实早已经在育种领域有了尝试，但是培育出来的肉猪体型很差，所以专业育种场都不采用这种育种方式。

规模快速发展，土地储备充足，推动牧原走向二元轮回杂交育种体系。到 2006 年，当时牧原将增加配套种猪作为公司发展重点。与肉猪饲养不同的是，二元母猪饲养是为了保障繁殖性能，更多的是采用低蛋白饲料体系。而与长白公猪选配产下来的轮回二元母猪，搭配牧原自己的低蛋白饲料体系后，在生产效率上并没有明显地降低。不仅如此，实验证明，二元轮回杂交体系搭配低蛋白饲料体系效果非常不错，可以兼顾肉用与种用，繁殖性能、饲料转化率、生长速度也较好。公司将低蛋白饲料体系下饲养的轮回杂交二元肉猪进行售卖时，在鲁南和江苏地区的售价高于一般肉猪。因此在保证了肉猪瘦肉率，兼顾种猪繁育性能的基础上，牧原独特的二元轮回杂交育种体系正式搭建完成。从 2009 年到 2011 年，公司肉猪存栏数从 21.7 万头增加到 43.6 万头，年复合增长率达到 42%，同期的能繁母猪存栏数从 26 680 头增长至 95 924 头，年复合增长率达到 90%，远超肉猪增长速度。而自 2013 年牧原开始销售仔猪，标志其育种体系趋于成熟。

2018 年非洲猪瘟肆虐，行业产能大幅度下降，散户大量退出，牧原意识到快速发展企业的责任。牧原的轮回杂交二元猪可以直接留种作为种猪使用，在目前母猪极度缺乏的行业里，牧原通过轮回杂交二元母猪的留种加速了其养猪规模发展，在行业内占得优势。综合看来，牧原能够成为行业中唯一一个搭建长白、大白二元轮回杂交育种体系，并持续选育近 20 年的种猪育种企业，归根到底是以消费者需求作为公司外部价值和内部成本为先的理念，以及技术创新突破带来的结果。

牧原类似的技术突破非常多，解决了行业内诸多技术难题，早在 2017 年，公司在猪的营养研究、猪舍建设、养猪设备、兽医技术、生产工艺等方面获得了 342 项专利成果。

6.1.2　牧原猪的二元轮回杂交模式

牧原猪的长白、大白二元轮回杂交模式如图 6-1 所示。

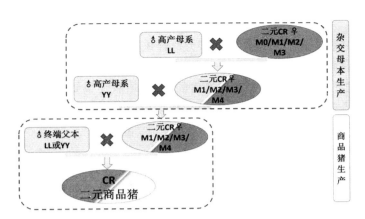

图 6-1　牧原猪的长白、大白二元轮回杂交模式

依照上述模式,就如何在实际生产中应用作以下几点说明。

(1)该轮回杂交模式,实际上是用"终端父本×轮回杂交母本"(即终端-轮回杂交)得到商品猪的生产繁殖体系。

(2)参与生产杂种母猪的轮回杂交品种是大白猪高产仔数品系和长白猪高产仔数品系。

(3)终端父本有长白父系和大白父系,它们在此终端-轮回杂交模式中,虽然也轮回与杂种母猪配种,但一般不参与生产杂种母猪的轮回杂交。

该模式为二元轮回杂交,在多元轮回杂交中,是杂种优势率最低的一种。但是实际上,牧原的二元轮回杂交模式却始终保持着很好的杂种优势。这是因为牧原的每一个猪场都是一个独立的育种单位,猪场间有常态化的基因交流;同时公猪更新快,使用期仅为 1.5 年。因此,轮回杂交母猪群体中基因型杂合的比例高,因而能保持良好的杂种优势。同时,因为不同品系大白和长白培育理念、目标、过程、地点不一致,品系间遗传差异较大,杂交后代的杂种优势更明显、更稳定,整齐度也很好。

6.1.3　轮回杂交亲本选育

6.1.3.1　轮回杂交父本和母本选育

在种猪"金字塔"繁育体系中,种公猪在各个群体中占据独特而重要的位置,可以从"金字塔"顶端直接覆盖到繁殖群和商品群,实现优秀基因的快速传递。公司核心群每个批次预留标记最优秀的公猪,并进行统一的测定和选育。在核心场内,高强度公猪选择非常重要。公猪的选育,包含父系性状和母系性状,根据父系和母系的特点,在选择指数中对所选性状给予有区分的加权。公猪的优良性状则分别在所在系的母猪群中进行性状固定,培育多元化的公猪。公司可通过多元化公猪培育,快速适应市场需求,同时降低育种成本,最终将生产性能和体型外貌均优良的公猪选留进公猪站,使得优良公猪的基因得到最大化的传递。

牧原以引进的丹麦、美国优质种猪为育种核心群,采用国内外先进技术手段测定种猪性能,选择优质种猪,建立了10万头曾祖代及祖代基础母猪,保持每年都有一定的遗传进展。在保持背膘厚和肉质的前提下,牧原以提高瘦肉率、繁殖性能、生长效率、改良肉质,提高猪抗逆性、商品猪均匀度、屠宰率,降低单位生产成本为育种目标,建立了具有先进水平的育种体系。

1.种猪主选性状

根据牧原生产现状,确定育种目标,在保持一定的背膘厚和肉质的基础上重点提高以下几方面。

(1)母猪的产仔数、断奶数和乳头数。

(2)瘦肉率、屠宰率。

(3)肉质:肌内脂肪含量、肉色、滴水、pH、嫩度等。

(4)生长速度和饲料转化效率。

(5)体长、肢蹄和适应性(健康状况)。

育种目标同时结合遗传效应和经济效益对各个性状进行加权,上述被选择的性状中,在父系猪和母系猪的选择指数中加权比重有所不同(图6-2和图6-3)。选择指数中考虑市场需求及成本影响,在市场经济下取得理想育种效果,通过系统的育种方案,使培育的种猪在当前的饲养条件下获得更高的经济效益。

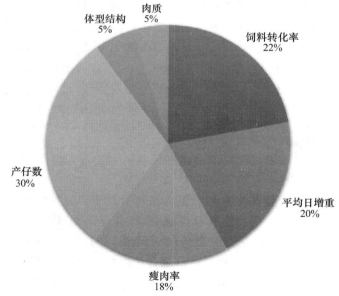

图 6-2　母系猪各选育目标占比

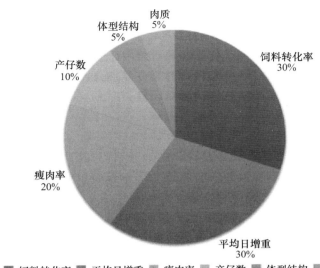

图 6-3　父系猪各选育目标占比

2.育种目标

(1)选择的目标性状最终表现在商品群中,在基因和环境互作的情况下,表现出理想的育种效果。

(2)要使目标性状经济效益最大化,根据市场生产趋势不断调整目标性状经济权重。

3.性状选择要求

(1)体型外貌选择　要求头和颈较轻细,占身体的比例小,胸宽深,背宽平或稍弓起,体躯要长,腹部平直,后躯和臀部发达,肌肉丰满,骨骼粗壮,四肢有力,体质强健,符合本品种或品系的特征。

(2)繁殖性能　要求生殖器官的发育正常,有缺陷的公猪要淘汰;对公猪精液的品质进行检查,精液质量要优良;性欲良好,配种能力强。

(3)生长肥育与胴体性能　要求生长速度快,一般瘦肉型公猪体重在 30～100 kg 阶段的平均日增重要求 900 g 以上;耗料少,每千克增重的耗料量在2.5 kg 以下;背膘薄,达 100 kg 体重时测量肩部、胸腰结合处及腰荐结合处三点膘厚,要求平均膘厚 1.3 cm 以下。生长速度、饲料转化率和背膘厚三个主要性状的选择标准因父系和母系而异,将这三个性状加入父系和母系指数中,根据指数值的高低进行选择。

4.选留

(1)出生 24 h 后,根据父本和母本的 MLI(母系指数)和 TSI(父系指数)的排序进行留种,并做标记。

（2）体重达 30 kg 时进行二次选择，选留的主要依据是亲代的繁殖成绩、产仔数、猪本身生长情况及有无遗传疾病。

（3）在体重达 100 kg 时进行性能测定。根据个体、同胞性能测定结果，运用 BLUP 法估计育种值，并参考系谱血统和体型外貌进行选留与淘汰，从中挑选公猪组成候选群，用 MLI 参数选留母猪群（比世代继代群多 10%～15%）。

6.1.3.2　生长性能测定

1.测定的性状

根据《全国种猪遗传评估方案》要求，进行性能测定的性状指标共有 15 项。其中，繁殖性状有总产仔数、活产仔数等；生长发育性状有体重达 100 kg 的日龄、活体背膘厚、眼肌面积（厚度）等；肥育及胴体性状有饲料转化率、屠宰率、瘦肉率等。而作为原种猪场，目前选育的主要性能指标一般为总产仔数和体重达 100 kg 的体重日龄、活体背膘厚三大项。牧原以体重达到 100 kg 的日龄、活体背膘厚作为生长发育阶段个体生长性能测定的主要指标。

2.测定的时间与方法

各世代留测仔猪个体生长发育性能测定的时间为出生开始至体重达 100 kg 时结束。操作上一般在测试猪群达 85～105 kg 体重范围时，进行个体称重及活体测膘。背膘测定应用 B 超在猪体左侧倒数第 3 与第 4 肋间距背中线 5 cm 处测量。测定采用同体重开始、同体重结束的方法，测定期的环境条件力求一致。

3.繁殖性能测定

全部母猪必须进行繁殖测定，初产母猪与经产母猪分开统计。测定项目为总产仔数、产活仔数、初生个体重、初生窝重、21 日龄窝重、断奶转群窝重、个体重和断奶仔猪头数。

4.遗传评估

根据综合指数，通过 BLUP、GBLUP 与全基因组相结合的方式进行遗传评估。

5.体型外貌评估

符合品种特征，体型外貌良好、四肢健壮、体长、体高、后躯发育良好，健康无病。母猪的外生殖器发育正常，有效乳头数不少于 7 对。最后综合对种猪的体型外貌进行评分。

6.1.3.3　杂种母猪选择

牧原以培育扩繁母猪为方向，在保持二元母猪基本体型外貌，无遗传缺陷的基础上，以繁殖、生长和胴体三方面性状为改进重点，重视提高和改善猪肉质量。为此，必须保持和加强二元母猪的产仔数多、瘦肉多、生长速度快等优良性状，进一步加强对猪的后躯腿臀比例、四肢粗壮结实性的选育。

牧原选育二元母猪和核心群一样，选留进群的后备母猪逐头进行测定，除眼肌面积不进行测定,其他测定指标、性状和核心群保持一致,在保持背膘和同窝仔猪数的基础上,提升商品群瘦肉率、产仔数、饲料转化率、肉质等,并提高商品猪的抗逆性、均匀度、屠宰率,降低单位生产成本。

目前牧原生产的轮回杂交二元母猪,在繁殖性能、生长速度、瘦肉率和胴体品质等方面能满足种用和商品肉猪的需求,形成了遗传性能稳定(群体整齐度高)、杂种优势明显的二元育种体系。牧原具有种猪群体规模大、种猪资源丰富及各方面的遗传技术数据完善的优势,通常只选择性状最好的 20% 的猪作为种用,选择强度为 1.76。因此,杂种母猪群的生产性能得到持续提升。

6.1.4 牧原猪轮回杂交繁育体系的特色

牧原育种始终以终端消费者的需求为导向,以猪肉生产链各成员价值最大化为育种目的,打破传统的金字塔纯种生产二元母猪的模式。自 2002 年开始创新轮回杂交二元育种体系,经过长期的选育,培育出用于轮回杂交的牧原长白和牧原大白母本品种和品系以及相应的父本品种和品系。它们在繁殖性能、生长速度、瘦肉率和胴体品质等方面表现优秀。该育种体系使得牧原每个猪场都是一个育种单位。该育种体系的成功可将其归因于完善、开放的育种技术体系,持之以恒的性能测定和数据管理,创新前沿的技术研发与应用,精进不休的现代化育种理念。

非洲猪瘟的发生使得育种也不再仅仅局限于单点技术应用,而是需要跨领域、跨学科技术方法的整合。为了应对未来育种发展及国际种猪的挑战,牧原在智能化表型收集、抗病专用基因芯片创制、基因编辑育种、新一代基因组选择技术、种猪资源库等方面都有技术与资源储备。目前,牧原巡检机器人对种猪状态可进行实时监控,提供多个生理参数,为抗病育种提供数据支持。

在非洲猪瘟疫情后的复产中,为帮助社会快速恢复产能,保证猪肉供应,牧原快速调整生产模式,扩大生产轮回杂交二元母猪,为中国广大养猪场复产提供价廉、优质、健康的种猪。

6.2 牧原种猪的选育思路与实践

在中国每年消费的肉类当中,65% 为猪肉,使中国不仅成为世界第一大猪肉消费国,更是世界第一大生猪养殖国,年出栏生猪约 7 亿头,占世界总量的 56%。

18 世纪之前,全世界种猪几乎不进行专门的选育,没有选育目标和具体育种记录,生猪养殖主要以具有社会大众喜欢的外貌、能养活、能产肉、满足家庭需要为主。丹麦因出口国家需求变化,建立了最早的联合屠宰场。出栏屠宰的肉猪要分级按个体背膘厚进行定级,农场主积极参与到育种与测定工作中,屠宰品质评定始终是丹麦养猪业及科研发展的巨大推动力。随着市场对瘦肉型猪需求增加,对育种和屠宰测定方法也提出了更高的要求。丹麦建立了专业肉质测定中心,对猪胴体进行全方位的测定,指导育种进一步选育出来好的种猪。我国地域辽阔,地域之间气候差异大,经历了长期选育,培育出了适应不同地域生产的地方品种,这些品种有明显的地域适应优势,但与现代需求相比,有明显的生长速度慢、瘦肉率低、体型差等不足。新中国成立初期,我国 90% 左右生猪来自农村千家万户的分散饲养,这些猪繁殖水平低、品种退化。新中国成立后,全国各地畜牧工作者,依据不同时期消费需求,通过引种、杂交、选育、示范、推广等措施,培育出满足中国消费者需求的优良品种,促进了生猪产业发展。

种猪在生猪生产中具有重要地位。作为全球最大的猪肉生产国和消费国,我国生猪种业却大而不强——缺乏足够的技术投入、政策保障、人才支撑,国产种猪质量不高,不少企业对国外种猪存在习惯性依赖。

历年来全国每年进口种猪数都超过 1 万头,2020 年更是高达 3 万头。2019 年发布的《国务院办公厅关于稳定生猪生产促进转型升级的意见》指出,要加快构建现代养殖体系,推动生猪生产科技进步,以科技创新为动力,不断提高全要素生产效率,加强现代生猪繁育体系建设,实施生猪遗传改良计划,提升核心种源自给率,提高良种供应能力。以下为牧原的种猪选育思路和实践。

6.2.1　坚持价值育种

6.2.1.1　持续选育

从国内外的种猪培育过程我们可知,通过定向育种,可以大幅度改变猪的类型。品种只是一个工具,与所处时代的经济、社会、自然条件相适应,不同的时代、消费需求决定了品种的选育方向。牧原董事长秦英林在《对话》栏目指出:牧原做育种就是要把国内的好的猪基因留下来,还要把国际上优秀的猪基因引进来,不是要创一个新的品种,而是要选育出在中国环境下更适合发展的猪的品种。

牧原采用"全自养、全链条、智能化"的养殖模式,拥有规模居前列的核心种猪群。牧原坚持种猪本土化选育工作,从 1997 年到 2021 年,共从外部引种 986 头种猪,其中进口 511 头,国内引种 475 头,其他现用于生产的种猪全部是自主培育的。经过 20 多年种猪选育与培育,采用种猪生长性能测定、肉质测定、选种选配等技术手段,通过对美系、丹系、加系等不同品系猪培育,形成了遗传性能稳定、一致性好、适应性强、综合效益较好的种猪。牧原核心纯种群采用纯种选育方式育种,自用生产母猪采用由纯种公猪直接与父母代杂种母猪进行多品系轮回杂交的方式生产。

6.2.1.2　市场导向育种体系

牧原秉承创造价值、服务社会的理念,建立品质优先的价值育种体系,强调并关注猪肉全产业链的效益最大,以市场需求、经济指标为导向,展开育种工作。

牧原对养猪市场链上各个环节,根据其需要分别制定了具体的要求(表 6-1)。牧原种猪的育种体系也必须以市场为导向。

表 6-1　牧原对养猪市场链各环节的要求

种猪场	养殖户	生产场	运输商	屠宰厂	零售	加工厂	消费者
健康优	健康优	体型好	体型好	级别高	新鲜	安全	安全
产仔多	产仔多	背膘薄	级别好	瘦肉率高	安全	瘦肉型	营养
背膘薄	适应强	体长	损耗少	无鞭伤	营养	价格低	美味
瘦肉高	利润高	腹小	应激小	无脓包	肉色好		健康
料比低		腮肉少	无鞭伤	中段长	肥瘦合适		愉悦
生长快		肉髯小	装猪速度	肉色好	服务热情		生活方式
适应强			利润稳定	滴水少	购买体验		
成本低				成本低	好		
肉质好					品质高		

传统的育种强调内部价值(降成本)高于外部价值(提品质)。近年来,随着经济快速发展,食品安全、瘦肉率、口感、肉色、滴水损失等方面对养殖端逐步提出更高的要求,市场化导向的体系将越发拥有着力点。牧原育种的理念导向是先质量后数量,优先以食品安全为重点,确保品质溢价,再降低内部生产成本(图 6-4)。牧原在以市场为导向的同时,强调"质量"领先于"市场"。

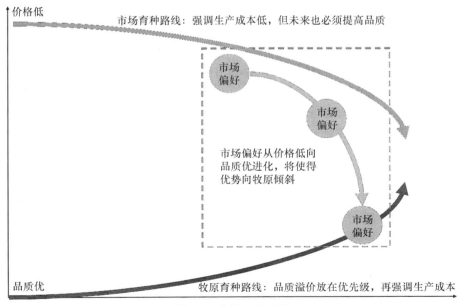

图 6-4　育种方向对比

6.2.2 牧原育种进程

6.2.2.1 从单性状到全价值选择

牧原 1992 年成立之初使用的种猪品系是老加系,最大的缺点是背膘厚,体型差,被当作"土三元",每头售价比一般猪(600～700 元/头)低 30 元。1997 年牧原引入"双肌臀"大白猪和"健美"杜洛克种猪改良,结果是活仔数下降,应激死亡率上升,长途运输死亡率上升 3%～5%,绝大部分利润被损失掉。究其原因,引进的个体携带 PSS 应激基因,反映在骨骼肌对各种刺激做出不适宜和过度的代谢性与收缩性反应。这些刺激因素包括过度炎热及拥挤等,特别是在运输中、与其他猪只混群时,以及在屠宰时的电刺激、机械性及缺氧刺激等,可对商品猪胴体影响显著。刺激使胴体肌肉容易变质,严重应激可导致死亡且严重破坏肉质,使得一头 100 kg 的猪肌肉含水量只有 10%。

为了实现种猪选育的战略目标,20 年来牧原将性状选育的重点从提高瘦肉率到猪肉的品质和安全到产仔数,最后到全面提升种猪价值的种猪体系建设(图 6-5)。

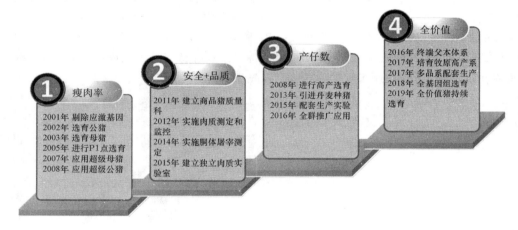

图 6-5　牧原育种进程

6.2.2.2 重要选育性状的演化及其他

牧原在二十多年来的种猪选育实践中,已经从最初重点关注体型外貌和生长速度到提高瘦肉率、肉质、繁殖力等,逐渐过渡形成了今天以数量遗传学、分子遗传学和人工智能等先进技术为基础建立起来的对种猪进行全价值选育的完整育种体系。

1.体型外貌选育

1998 年,牧原开始建立自主育种体系。首先建立了种猪登记档案,完善种猪系谱,记录种猪繁殖性能,并开始对选留种猪进行 P1 点背膘、体长、体重的测定,并对种猪进行体型评分,选留符合需求的种猪进群。

2.剔除应激基因

2000 年牧原针对因引入大白猪、杜洛克猪发生的应激综合征,从遗传因子方面进行剔除。利用基因检测技术,对核心群进群种猪的氟烷及酸肉相关基因进行检测,逐步剔除。

3.背膘选育

依据《瘦肉型猪胴体性状测定技术规范(2004 版)》,体平均背膘厚为胴体背中线肩部最厚处、最后肋、腰荐结合处三点的平均脂肪厚度,背膘厚度的数值越大说明猪的瘦肉率就越低,相反则越高。我国现背膘厚的测量大部分单位取三点测量,即肩胛后沿、最后肋处及腰荐接合处距背正中线 5 cm 处作为膘厚和眼肌厚的测量点,而后取三点平均值,也有人仅作第 10~11 肋间距背正中线 5 cm 处测量。实践证明,背膘厚度的降低将带来饲料转化率的提高,生猪养殖户想通过提高日增重、瘦肉率来提高饲料转化率,但由于背膘厚度的增加,其结果并不理想。2005 年牧原通过对市场需求的调研,增加了三点背膘测定。

4.瘦肉率选育

瘦肉率属于胴体性状。猪的部分胴体性状的遗传力如表 6-2 所示。

表 6-2 猪胴体性状的遗传力

性状	h^2 平均值	范围	性状	h^2 平均值	范围
瘦肉量	0.40	0.20~0.60	腰部瘦肉率	0.50	0.40~0.61
瘦肉切块率	0.46	0.31~0.91	肌肉厚	0.20	0.10~0.30
瘦肉切块重	0.42	0.30~0.60	眼肌面积	0.48	0.16~0.79
瘦肉率	0.46	0.35~0.85	边膘厚	0.45	0.22~0.60
肥肉率	0.60	0.40~0.75	背膘厚	0.40	0.13~0.50
脂肪切块率	0.63	0.52~0.69	平均背膘厚	0.50	0.30~0.74
腿臀比	0.53	0.51~0.65	腹膘厚	0.30	0.20~0.40
臀部瘦肉率	0.63	0.45~0.78	胴体长	0.60	0.40~0.87
肩部比	0.47	0.38~0.56	屠宰率	0.31	0.20~0.40
瘦肥比	0.31	0.20~0.45	椎骨数	0.75	0.55~0.85

从表 6-2 中所列 h^2 平均值可看出,猪的胴体性状属于具有较高遗传力的性状。因此,对胴体性状进行选择,可望获得较大的遗传进展。

猪的瘦肉率的度量分为胴体瘦肉率和活体瘦肉率。

胴体瘦肉率是指胴体完全剥离所获得的瘦肉质量(不包括头部瘦肉)占整个胴

体重的比例,但胴体重包括头、脚、肾和板油的质量。据《肉型种猪性能测定技术规程》(DB13/T 980—2008):除去板油和肾脏,进行瘦肉、脂肪、皮和骨的剥离。

活体瘦肉率一般是以瘦肉率与活体测定的体重、背膘厚和眼肌面积等性状的强相关为根据而建立的直线回归方程来估测的。综合许多研究报告得知,猪的活体性状,如平均背膘厚与眼肌面积和胴体瘦肉切块质量的相关性很高,分别达−0.80和+0.88;活体边膘厚和眼肌面积与胴体瘦肉率的相关性也很高,分别为−0.75和+0.60。

牧原在对猪瘦肉率的选择主要是活体猪瘦肉率的选择。倪德斌等(1999)研究指出:活体瘦肉率比胴体瘦肉率低 7.743 2 个百分点。图 6-6 显示了牧原从 2010 年至 2020 年对终端父系猪瘦肉率选择的进展。

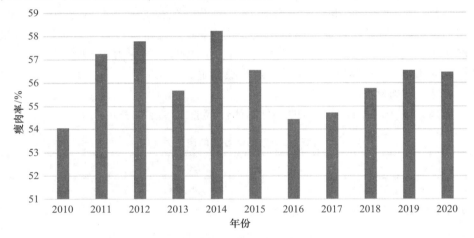

图 6-6 2010—2020 年牧原父系猪瘦肉率选择的进展

从图 6-6 中可见:牧原父系猪的瘦肉率并非是逐年提高,2014 年前瘦肉率呈上升趋势,该年达到峰值 58.3%(相当于胴体瘦肉率 66%),此后瘦肉率略呈下降趋势。研究人员在性状的选择上开始考虑避免因瘦肉率过高而带来猪的肉质、体质等下降的负面影响。

5.肉质选育

随着生活水平的提高,人们对猪肉的需求也不一样了,从高瘦肉型猪向优质肉猪方向发展。猪肉作为人们日常生活中必不可少的食物,它的品质好坏直接影响到人们的健康。欧美发达国家的生猪养殖业在从脂肪型转向瘦肉型猪选育过程中,对于瘦肉过度选育,使得瘦肉率增加的同时导致猪的肌肉出现发白、渗水和柔软,即 PSE 肉,引起众多消费者不满,并对全产业链各个环节(养殖、运输、屠宰、储存、肉品加工、商品销售等)带来巨大损失。

牧原在选育体型和瘦肉率优良种猪的同时,时刻关注市场的反馈,为了及时追踪生猪屠宰后的胴体品质和肉质信息,牧原于 2008 年与龙大肉食共同投资组建河南龙大牧原肉食品有限公司,研发猪肉新产品和育种技术,研究各种因素对猪生长和屠宰过程中猪肉品质的影响,利用先进技术测定屠宰率及瘦肉率。进入 21 世纪之后,随着社会经济发展和人民生活水平的提高,国家对肉食质量重视提高到新的高度。常规的测定条件已无法满足需求,为了更加准确、一致地进行肉质测定,牧原成立肉质检测中心,对胴体肉色、保水性、pH、肌内脂肪含量进行全面的检测,以保证猪肉产品的高质量。通过屠宰场反馈数据指导核心场、扩繁场选育,提升商品猪瘦肉率。根据市场调研的结果,牧原制定了自己的猪肉品质标准(表 6-3),从表 6-3 中可见,牧原对肉质的把控十分严格。

表 6-3 牧原猪肉品质标准

肉品质指标	肉品质评价指标	现状(平均水平)	优质猪肉占比	牧原标准占比	目标	优质猪肉标准	牧原猪肉标准	正常猪肉标准
肉色	肉色评分	3.26	76%	76%	3.5	3≤肉色评分≤4	3≤肉色评分≤4	2<肉色评分<5
	L(亮度)	46.62	61%	92%	44	42~47	42~50	31~59
	a(红度)	12.82	77%	96%	13.5	12~15	10~15	≤15
	b(黄度)	4.31	100%	100%	5	12~15	≤10	≤10
风味	大理石纹评分	1.82	42%	75%	3.0	2~4	1.5~4	≥0.5
	肌内脂肪含量(湿基)	2.25%	54%	84%	3.0%	2.0%~4.0%	1.5%~4.0%	>0.5%
保水性	24 h 滴水损失	1.75%	73%	87%	1.20%	0.5%~2.0%	0.5%~2.5%	≤2.5%
	48 h 滴水损失	3.84%	64%	78%	2.00%	1.5%~4.0%	1.5%~5%	1.5%~5%
	蒸煮损失	19.21%	81%	98%	15%	<23%	<30%	<30%
水分含量	3 号肉	73.58%	86%	98%	72%	71%~75%	71%~76.5%	≤77%
	4 号肉	74.63%	65%	96%				
嫩度	剪切力	46.27	76%	93%	45	40~55 N	30~70 N	嫩:剪切力值<45 N;中等:剪切力值 45~70 N;老:剪切力值>70 N

注:3 号肉指大排肌肉;4 号肉指后腿肌肉。

6.繁殖性状选育

母猪繁殖性状包括产总仔数、产活仔数、初生窝重、断奶窝重、断奶发情间隔、排卵数等,这些性状受环境和健康影响,有较大的表型变异,但该性状遗传力均很低,通过表型选择达到遗传改良的难度较大。在最初育种的十年,牧原在此性状上改进效果甚微。丹麦在1992年之前,将产仔数提高1头用了50年时间。丹麦的"猪育种计划"从1992年将窝产仔数性状加入丹麦长白、大白选择指数中,其窝产仔猪数每年提升0.33头左右。借鉴国外产仔数提升优秀经验,牧原从2006年开始使用BLUP方法,准确记录每头猪系谱及繁殖性状数据,结合其亲属的产仔信息合并成产仔数的复合育种值可明显提高选种准确度,其窝产仔数每年增加0.2头,与个体表型选择相比,遗传进展可提高33%。

理论和实践均证明:BLUP方法对经济性状(特别是对低遗传力性状)的选择具有很好的效果。表6-4显示了理论上BLUP法与其他选择方法相比对遗传力的影响。

表6-4　BLUP法与其他选择方法对遗传力的影响

选择方法	遗传力			
	0.1	0.2	0.4	0.6
个体	1.00	1.00	1.00	1.00
个体＋全同胞	1.08	1.07	1.04	1.01
个体＋全同胞＋半同胞	1.15	1.08	1.04	1.01
BLUP(淘汰同日龄的猪)	1.28	1.13	1.06	1.02
BLUP(淘汰同EBV的猪)	1.33	1.20	1.12	1.05

引自:Wray,1989.

对于低遗传力性状产仔数,其家系平均产活仔数接近家系平均育种值,核心群和扩繁群同步通过家系选择,牧原从高产的家系后代中选留母猪和公猪,并对高产猪进行筛选,筛选出小比例连续多胎特别高产的母猪,用高产家系的公猪进行选配,对其后代进行选留。这样连续几个代次可固定高产基因,从选择强度来弥补遗传力低的缺点,提高繁殖力性状选择的准确性,选育过程中取得较好的效果,这是牧原常用的高产选育方法。2013年牧原引进丹麦种猪,从而引进高产基因,对群体产仔数提升产生了积极作用,目前核心群表现优秀的前30%的健仔数达16.12头。

图6-7展示了牧原2003—2020年母猪产仔数育种值(BV)遗传进展。

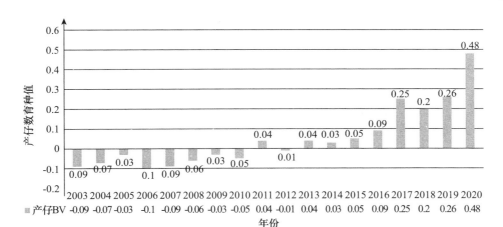

图 6-7　牧原 2003—2020 年猪产仔数育种值（BV）遗传进展

7.终端父本体系

回顾我国生猪产业与牧原的发展历程,牧原二元育种体系的建立为其生猪养殖的发展发挥了重要作用。当前市场商品猪以杜长大三元猪为主,其具有生长快、饲料转化率高、瘦肉率高、经济效益明显等特点。牧原在使用二元育种体系的基础上,开始小范围应用杜洛克猪育种。2016 年 4 月引进新美系杜洛克,改良原有杜洛克群体,具有提升生长速度、提高饲料转化率、改善体型等优点,建立了优良终端父本体系,为未来使用杜洛克打下坚实基础。

8.多品系配套生产

牧原从国内其他企业、加拿大、美国、丹麦等地引入带有不同特点的种质资源,基本已覆盖世界上最优良的各类品种和品系,建立了大型瘦肉型种猪资源库,为配套系培育打下坚实遗传基础。牧原选育精细化,经过多年选育,建立了自己的高产系。牧原高产系经过严格遗传评估、性能测定、基因检测等,在核心群内不断循环往复利用。完善的种质资源,为实现多品系配套生产、定制化育种打牢基础。牧原全国性布局和每年巨大的出栏量,满足了精准定制化育种的市场需求,也提供了种猪选育的保障。根据不同地域消费偏好,供应不同特点种猪,更利于生猪产品的流通。

6.2.3　牧原种猪选育体系中的几个核心问题

1.大数据中心

牧原之所以在种猪选育方面能取得显著进展,还得益于其建立了专业数据管理中心,开发具有自主知识产权的生猪育种系统,该公司采用 BLUP 模型、GBLUP模型进行精确遗传评估。牧原目前累积了大量种猪测定数据,2010—2020 年,牧原生长测定数据累积 317.52 万条;其中,纯种猪测定量为 53.72 万条,二元猪测定量为 263.80 万条。母猪繁殖数据累积 950.21 万窝,其中,纯种猪繁殖数据 58.41 万窝,二元猪繁殖数据为 862.10 万窝。

此外,牧原依托全产业链优势,每年屠宰测定种猪 20 000 头,不仅有详细的屠宰率数据,还有纯种猪、二元猪及商品猪的肉品质数据积累,为未来种猪肉品质改良育种提供了良好的数据支撑。

海量的育种测定工作及精准的数据记录评估体系,确保牧原能将最优秀的种猪选拔出来,快速投入到核心群及扩繁群生产中,保证育种成果可以快速在养殖生产中普及应用,让养殖场用到最新的优良种猪,获得更大的经济效益。

2.配套公猪站

牧原依据各区域母猪布局规模,按照 1:150 的比例布局种公猪站数量。公猪站在生猪繁育体系中扮演着非常重要的角色,其承载着最新遗传进展和优质基因的传递重担,通常也被称为基因传递中心(Gene Transfer Center,GTC)。公猪站在整个繁育体系地位十分重要。

公猪站所有公猪均来源于核心群,所有使用公猪均有测定记录和系谱记录,并采用 BLUP 法对种猪进行遗传评估,筛选出最优秀的公猪进入公猪站。充分利用公猪精液开展人工授精,即核心群、扩繁群、商品群都可以使用最好的公猪,用最好的公猪对最优质的前 35% 的母猪和前 30% 的核心群猪进行人工授精。对这些后代进行选育进群,持续多个世代。截至目前,每头母猪的平均窝产仔增加 2.7 头,即提高 23%。

3.前沿技术及资源储备完备

为了应对未来育种发展及国际种猪的挑战,牧原在智能化表型收集、抗病专用基因芯片创制、基因编辑育种、新一代基因组选择技术、种猪资源库等方面都有技术与资源储备。

目前,牧原巡检机器人对种猪状态可进行实时监控,提供多个生理参数,为抗病育种提供数据支持。牧原取育种核心群的顶级种公猪和母猪的耳组织建立纤维细胞系,组织完成体细胞克隆和胚胎移植,获得 CD163 基因编辑猪,可为蓝耳病抗病育种提供材料。在肉质改善方面,牧原储备了 KIT 基因编辑猪,为肉质改良提供材料。

在资源方面,牧原建立了大型瘦肉种猪资源库,覆盖全球最优良的各类品种和品系。而且牧原目前有肉品质和抗病力较好的莱芜猪和南阳黑猪等地方品种资源,不仅为高效育种体系打下坚实的遗传基础,还为肉品质改良和抗病育种提供了材料。

6.2.4 选育性状经济效益测算

下列数据均基于 2019 年 12 月牧原生产运营实际,根据猪群状况及经济效益进行的测算。

(1)生长速度:每天的饲养成本约 2.17 元(包括母猪折旧、投资利息、维护费、能耗费、饲料费等费用)。未来有望提高生长速度,把出栏时间从 180 d 降低到 160 d,可节约 39～64 元的成本。

(2)饲料报酬:料肉比每减少 0.1,目前可节约 19 元的成本,预计未来料肉比的下降空间为 0.1～0.2,则成本可节约 19～40 元。

(3)繁殖成绩:每胎怀孕母猪完全成本每头 1 800 元(母猪折旧、精液费等全部费用包含在内),产 11 头健康仔猪,每头 163.6 元。若产仔数提高到 12 头,每头 150 元;提高到 13 头,每头 138.5 元。预计未来大约能提高到 13 头以上,可节约成本 25～35 元。

(4)屠宰率:提高屠宰率可提高利润约 20 元,目前牧原的屠宰利润为 16 元。

(5)瘦肉率:主要考察 D1 点背膘厚,目前利润为 32 元,利润大约还有 16 元的提升空间。牧原种猪后代商品群胴体性能优良,其多种分割产品可满足不同加工需求。与社会中非牧原生猪对比,牧原生猪带皮白条屠宰率提高 1.65 %,一、二级白条屠宰率提高 10.20 %,综合下来每头带皮白条胴体利润比非牧原生猪高出约 35.5 元。

(6)臀大胴体长:体长意味着排骨多,能卖更多钱,牧原肋骨数集中分布在 15～16 根,比非牧原猪多出约 0.5 根,胴体整体利润高出 41.53 元。

(7)肉色:有 10 元左右的利润提高空间。

(8)滴水损失:有 10 元左右的利润提高空间。

牧原种猪育种利润贡献如图 6-8 所示。

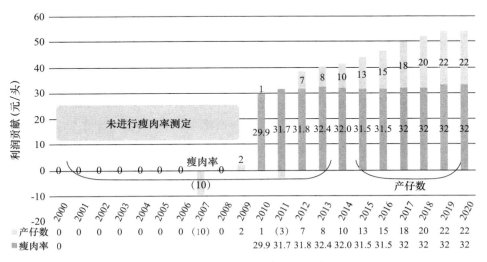

图 6-8　牧原种猪育种利润贡献

6.3　对牧原育种的经验总结与深入思考

1.育种工作应具有全局长远意识

牧原的育种工作是具有较强宏观意识的,每一步都是为了全局的优化,每个目标的底层逻辑必须坚守,且都要为长远利润做打算。长期以来,实现了竞争优势的不断增强,从而也巩固了基业长青的远期目标。育种体系是其工业化端到端生产思路的延伸(全局优化的能力),强调关注猪肉全产业链价值,以长久可持续的利润为导向。预测未来育种总体还有 136～205 元/头的提升空间,折合 1.24～1.86 元/kg(以屠宰体重 115 kg 计算),可提升空间仍然很大。

2.价值育种工作"慢就是快"

育种的种群大了则选育进展快,在科学选育体系下存在着规模效应。牧原对各性状进行经济价值量化,才能更好地衡量育种的投资效率。与盲目追求某个性状的育种思路相比,牧原育种强调以市场需求来衡量价值。育种如投资,需讲究回报率,当方向选择正确,短期回报率不断让步于长期回报率,价值育种工作"慢就是快"。牧原很好地践行了这些基本原则,发展出一套适合自身的育种体系,兼顾了经济指标及自身发展。

3.盲目培育新品种并不一定具有实用性

以市场需求和利润为导向才是最重要的。根据经济指标育种,需要量化才能更好地衡量育种的投资效率。没有特色的新品种、新品系并不一定好,育种是个技术更新周期很长的环节,且具有规模效应。企业需要确定好方向,及时利用好现代的技术,包括分子育种、基因育种等技术,并通过数据反馈,来加快选育的过程。

4.对性状的选育要注意性状间的相关性

某些性状间存在着遗传相关性。某些情况下,有时两个同时被选的性状有着较高的遗传负相关,例如肌内脂肪率与瘦肉率,若要选择其中一个性状,可能会牺牲另一种性状,所以企业需要根据性状相关性,制定明确的育种方案。

5.开放与闭锁结合是纯种繁育的基本战略

对于开放的育种,必要时进行引种是明确的选择。只开放,不闭锁,猪群永远是杂合的,性状的遗传性不稳定;只闭锁,不开放,猪群内没有引进更优良的基因,种猪就会落后。只要群外有符合企业需要的优良基因,就应该引进。

综上所述,为控制食品安全,牧原从创业开始就选择了全程一体化自繁自养模式,种猪、饲料、猪舍设计、育肥均作为内部环节,涵盖了从猪舍设计建设、育种、营养、兽医、生产、智能化、屠宰以及销售等不同领域的产业供应链。通过供应链的有效运转,使整个产业合理分工与协作,根据不同地区市场需求进行市场分析、产品规划、生产、价值增值和销售工作。总之,先进的理念、先进的管理和先进的科技相融合是牧原成功的根本所在。

 思考题

1.牧原为什么要建立独特的长白、大白二元轮回杂交体系?

2.牧原的二元轮回杂交体系的特色是什么?

3.牧原种猪的选育思路是什么?

4.牧原种猪选育有何特点?

5.牧原有哪些经验值得生猪养殖户借鉴?

参考文献

[1]樊新忠,神安保,姜运良,等.利用地方品种的可持续肉猪繁育体系[J].中国猪业,2006(3):20-22.

[2]郭彤.养猪生产基础导论[M].北京:中国农业出版社,2018.

[3]郭永光,张军霞.八眉杂交猪生长性能杂种优势效应分析[J].畜牧兽医杂志,2019(5):17-19,22.

[4]金海,赵启南,李长青.建立放牧肉羊经济杂交新模式的探索——半轮回杂交[J].畜牧与饲料科学,2017(1):21-23,27.

[5]李春红,卢景都.肉牛三元轮回杂交方法及育种方式[J].养殖技术顾问,2012(1):52.

[6]刘榜.家畜育种学[M].2版.北京:中国农业出版社,2019.

[7]刘红林.现代养猪大全[M].北京:中国农业出版社,2001.

[8]龙天厚,刘君锡,邓廷惠,等.内江猪配合力测定[J].中国畜牧杂志,1982(6):3-4.

[9]梅书琪,孙华,刘泽文.种猪生产配套技术手册[M].北京:中国农业出版社,2013.

[10]唐爱发,连林生,李爱云,等.撒坝猪配合力测定试验的初步分析[J].云南畜牧兽医,2000(2):4-5.

[11]陶璇,何志平,杨雪梅,等.川藏黑猪配套系配合力测定研究[J].黑龙江畜牧兽医,2014(1):45-47.

[12]王楚端,张沅.猪杂交繁育体系最优化研究[J].中国农业大学学报,1996(3):87-92.

[13]魏成斌,白跃宇,陆涛峰,等.肉牛三元轮回杂交试验.中国畜牧兽医学会养牛学分会.中国牛业健康发展与科技创新——中国畜牧兽医学会第七届养牛学分会2009年学术研讨会论文集[C].中国畜牧兽医学会养牛学分会:中国畜牧兽医学会,2009.

[14]吴珍芳,王青来,罗旭芳,等.华农温氏Ⅰ号猪配套系的选育与应用[J].中国畜牧杂志,2006(16):54-58.

[15]吴仲贤,李明定. 一个新的数量遗传参数——杂种遗传力[J]. 自然杂志,1989 (9):695-696.

[16]徐三平,刘榜,吴招甫,等. 以通城猪为素材的新品种培育——"鄂通两头乌" [J]. 中国猪业,2014,9(11):66-68.

[17]喻传洲,胡旭,杨华威. 轮回杂交在养猪生产中的应用——兼评牧原轮回二元育种体系[J]. 猪业科学,2020(10):56-58.

[18]喻传洲,胡旭,杨华威. 用"二品多元改良轮回杂交"生产父母代母猪的构想 [J]. 猪业科学,2017(12):110-111.

[19]喻传洲,李文献. 三品五元杂交商品猪配套系之构想[J]. 猪业科学,2010(10): 88-89.

[20]张华,尹光灿,兰旅涛,等. 乐平猪的杂交及杂种优势效应研究[J]. 江西农业学报,1993(1):36-43.

[21]张沅. 家畜育种学[M]. 2版. 北京:中国农业出版社,2018.

[22]Mclaren D G, Buchanan D S, Williams J E. Economic evaluation of alternative crossbreeding systems involving four breeds of swine. Ⅰ. The simulation model[J]. Journal of Animal Science,1987,65(4):910-918.

[23]Schnable P S, Springer N M. Progress toward understanding heterosis in crop plants[J]. Annual Review of Plant Biology,2013(64):71-88.